线结的玩偶童话

辽宁科学技术出版社

·沈阳·

目录

常用针法符号及编织方法

起针	钩针编织是用一根钩针和一根线一针一针地钩出来的。起针时，用钩针打一个活结，然后从活结中将线拉出。	1. 在线头约10cm处打一个圈，将钩针插入。	2. 钩住织线，将其从线圈中拉出，拉紧线的两头。

环形起针 链式起针	环形编织应当是从基础环开始的，常用的起针方法有链式起针法等。	1. 钩一辫子针链（长度根据织物的实际需要而定）。	2. 将钩针插入第1针辫子针的线圈中，拉出线的同时穿过钩针上的两个线圈。

环形起针 绕圈起针	当环形编织的织物中心起针需要紧密时，通常用这种绕线圈起针法。	1. 将线绕一个圈，首尾相连。	2. 再在线圈上钩短针，钩出要求的针数后，抽动线尾至合适长度。

锁针（辫子针）	常用于织物的第一行基础边，也就是起针，还是行与行相接的必要针法。	1. 钩针穿过线圈，钩住织线，从套住钩针的环中拉出。	2. 用同样的方法钩出第2针。	3. 用同样的方法持续下去，直至达到需要的长度。

短针	这是一种简单密实的针法，在许多织品的边和平滑的织面中常见这些针法。	1. 钩一串锁针，跳过第2针，将钩针从第3针锁针的上边圈中插入，钩住织线从圈中拉出。	2. 再次钩住织线，穿过钩针上的两个线圈。	3. 第1针完成图。

引拨针	常用于织物环形编织时一行结束合拢，也用于一些织物边缘。	1. 开始不钩织，在旁边1针插针，钩住织线。	2. 将织线从穿过的针眼中拉出。	3. 将钩针左边的线圈从右边的线圈中拉出，第1针引拨针完成。

范 例

幼稚熊

工具
2.0mm钩针
毛线缝针
手缝针

实物尺寸
高12cm

材料
草绿色中粗线20g，白色、玫红色、黑色线少许，PP棉，小黑珠2粒

编织要点
1.玩偶分解部分头，耳朵，嘴巴，手，身体，足及围兜。

2.将各个分解部分进行对接缝合。

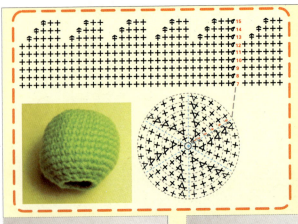

头部编织图

1. 第1行，绕线圈起针，圈内钩出6针短针。

2. 第2行，从第1行的6针内每针钩出2针短针，共12针短针。

3. 第3行，在第2行的基础上加6针，共织18针短针。

4. 第4行，在第3行的基础上加6针，共织24针短针。

5. 第5行，在第4行的基础上加6针，共织30针短针。

6. 第6行，在第5行的基础上加6针，共织36针短针。

7. 第7行，从第6行上继续编织短针，针数无增减。

8. 第8至12行，针数不作增减地继续编织短针。

9. 第13行，隔4针，将1针并为1针，即每6针收1针。

10. 第14行，每5针收1针；第15行，每4针收1针，收后余18针。

手臂编织图（2枚）

编织方法跟头部相同，但要注意针数的多少和长度。

足部编织图（2枚）

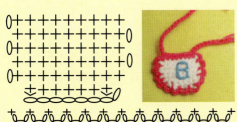

围兜编织图

身体编织图

编织方法跟头部相同，但要注意针数的多少和长度。

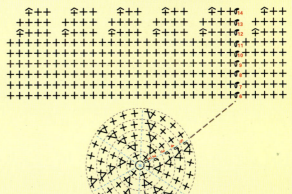

耳朵编织图（2枚）

编织方法跟头部相同，但要注意针数的多少和长度。

嘴巴编织图

1 准备缝合

2 缝合身体和头部

头和身体充棉后对正进行缝合，通常两个留口的针数是相同的，缝合的时候一针对一针

完成状态

3 缝合耳朵

将耳朵留口对折封口

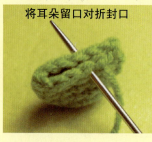

对折封口后状态

将耳朵缝到头部上

耳朵缝合完的状态

4 缝合嘴巴

用黑线在嘴巴上绣出鼻头和嘴唇的轮廓，然后缝于面部上

缝合好的状态

将织好的手臂留口对折封口

对折封口完毕后的状态

将手臂缝合在头部和身体缝合交接处的左右两侧

完成后的状态

5 缝合手臂

8 完成最后修饰

最后完成图

7 缝制眼睛

将两粒小黑珠缝制在面部眼睛的相应位置上。

6 缝合足部

在足部织片内填充棉后缝在身体下方

尝试篇

一根钩针，几段零线，一个明媚闲暇的下午，随手随心地制作出一个个可爱有趣的小玩偶，这就是一种优雅的生活态度，它让我们的生活充满创意和个性，在纷繁喧嚣的城市生活中寻找到一片纯净的心灵净土。你还在等什么呢，现在就开始吧，从最简单的开始！

A

B

C

快乐家庭

我的家里充满了快乐，常常欢声笑语。扎小辫的我天真可爱，系头巾的妈妈漂亮温柔，戴领结的爸爸知识渊博，这便构成了我们温馨快乐的家。

快乐家庭

制作详解

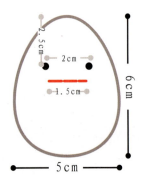

2.5cm
2cm
1.5cm
6cm
5cm

【工具】
2.0mm钩针、12号棒针、毛线缝针、手缝针

【材料】
A: 白色线8g,
   黄色、玫红色、红色、黑色线各少许, pp棉
B: 白色线8g,
   红色线5g,
   黑色线各少许,
   纽扣1枚, pp棉
C: 白色线8g, 蓝色、橙色、红色、黑色线
   各少许, pp棉

【编织要点】
1. 三个蛋蛋的主体编织方法是相同的。
2. 按照图示为三个蛋蛋做出不同的装饰, 让它们
   各自显示出自己的特性。

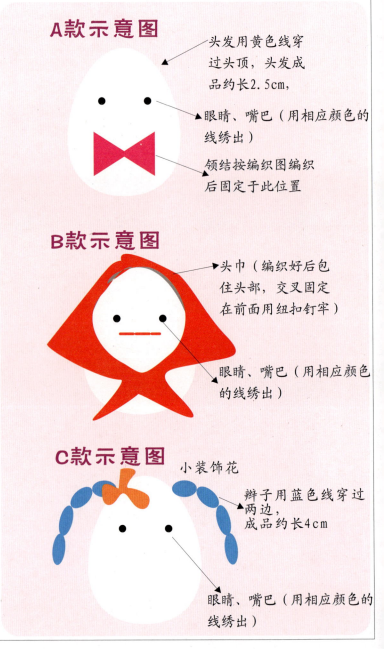

A款示意图

头发用黄色线穿
过头顶, 头发成
品约长2.5cm,

眼睛、嘴巴 (用相应颜色的
线绣出)

领结按编织图编织
后固定于此位置

B款示意图

头巾 (编织好后包
住头部, 交叉固定
在前面用纽扣钉牢)

眼睛、嘴巴 (用相应颜色
的线绣出)

C款示意图

小装饰花

辫子用蓝色线穿过
两边,
成品约长4cm

眼睛、嘴巴 (用相应颜色的
线绣出)

主体编织图（三个主体编织方法可以共用，大小按倍数加针即可）

充棉后合拢

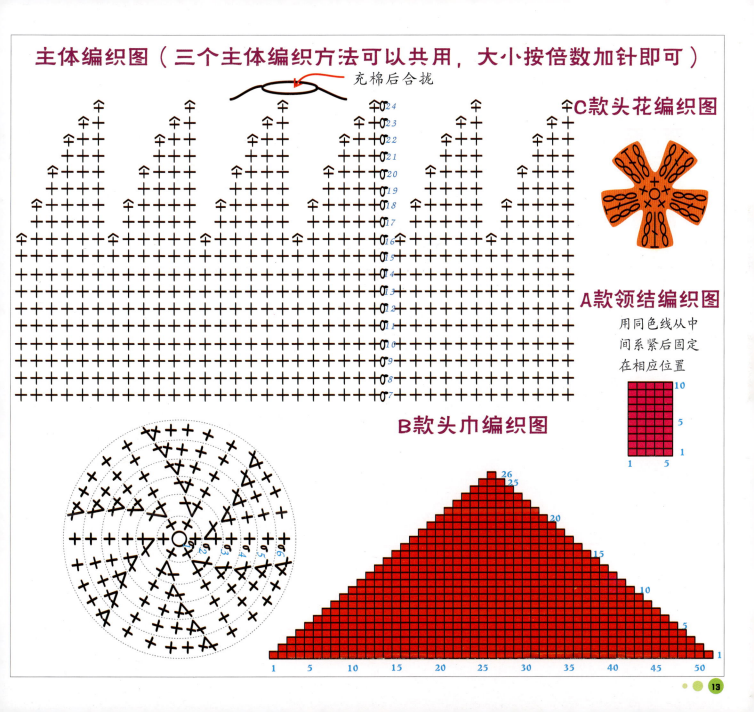

✿C款头花编织图

A款领结编织图

用同色线从中
间系紧后固定
在相应位置

B款头巾编织图

B

A

C

幸福甜蜜之心

拖着疲惫的身躯，回家看到五彩缤纷的桃心，感觉到的是温馨与甜蜜！

幸福甜蜜之心

制作详解

【工具】

2.0mm钩针
毛线缝针
手缝针

【材料】

A：黄色、橘红色中粗线各
　少许，PP棉，3mm白色
　仿珍珠1粒

B：淡粉色中粗线少许，PP
　棉，3mm白色仿珍珠6粒

C：草绿色中粗线少许，PP
　棉，3mm白色仿珍珠2粒，
　1cm宽棉质花边5cm

【编织要点】

1. 首先是心的主体编织。编织是从上边开始的。分别
编织两个相同的半球形织片，然后将这两个织片连
在一起编织，编织5圈以后，按每行收4针的规律进
行收针，一直收到只剩余4针的时候心形的下半部分
便完成，需要注意的是在未收口前要将PP棉填进去
再收口。

2. 然后分别给每一款做些个性的小装饰，这些可爱的
心作为小挂件，要在心的上方准备扣挂绳的部位
用9形针穿1粒仿珍珠，其中一端穿过心的主体，一
端留着扣挂绳。

3. A款的装饰是1朵三瓣小花　用线钩出后固定在心的
主体上，中央钉1粒仿珍珠；B款是用6粒仿珍珠呈梅
花状固定在心的主体上面；C款是1只雅致的蝴蝶结，
材质是棉质的花边，弄成蝴蝶结的模样后钉在心的
主体上，中央还钉了2粒仿珍珠作装饰。

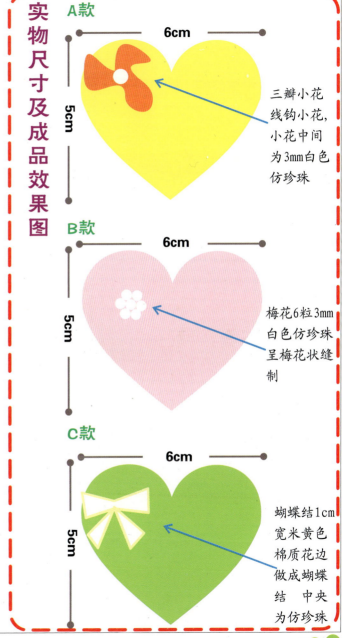

实物尺寸及成品效果图

A款

6cm

5cm

三瓣小花
线钩小花，
小花中间
为3mm白色
仿珍珠

B款

6cm

5cm

梅花6粒3mm
白色仿珍珠
呈梅花状缝
制

C款

6cm

5cm

蝴蝶结1cm
宽米黄色
棉质花边
做成蝴蝶
结　中央
为仿珍珠

幸福甜蜜之心主体编织图

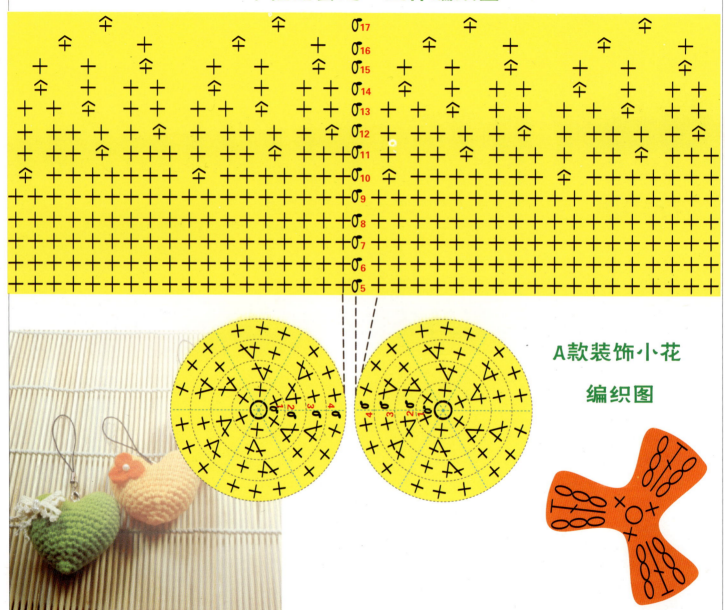

A款装饰小花
编织图

生机蘑菇小朋友

在家里摆设着这样活泼可爱的蘑菇小朋友时，自然会让家里充满生机与活力，独自看到也会发出会心的微笑。

生机蘑菇小朋友

制作详解

【工具】

2.0mm钩针
毛线缝针
手缝针

【材料】

A: 黄色线、淡黄色线、橙色线各少许，pp棉，小黑珠2粒

B: 天蓝色线、淡蓝色线、白色线各少许，pp棉，小黑珠2粒

C: 淡紫色线、白色线、紫色线、红色线各少许，pp棉，小黑珠2粒

【编织要点】

1. 按主体编织图编织出主体，在上端大头部分收拢的时候，另编一小辫打结，用钩针将结的小环钩出顶端中央的小孔，用于扣绳扣，然后用PP棉填充满大头部分，填充完后再用上面部分的色线将下面的部分钩完，收拢封口前，也要用PP棉将下面的部分填充丰满。

2. 使用每款相应的颜色线按图示钩出各款所需要的蝴蝶结，两头各留一小段线头，用这两段线头将蝴蝶结固定在蘑菇大头合适的位置（右上方）上，然后将线头收进里面。

3. 最后的步骤就是缝制五官。用2粒小黑珠代表眼睛，按照图示的位置和比例用手缝针将两粒小黑珠钉在上面，注意收好线头。用各自嘴巴相对的颜色毛线在两粒眼珠下一行的中间位置缝出嘴巴，这样五官就缝制完成了。

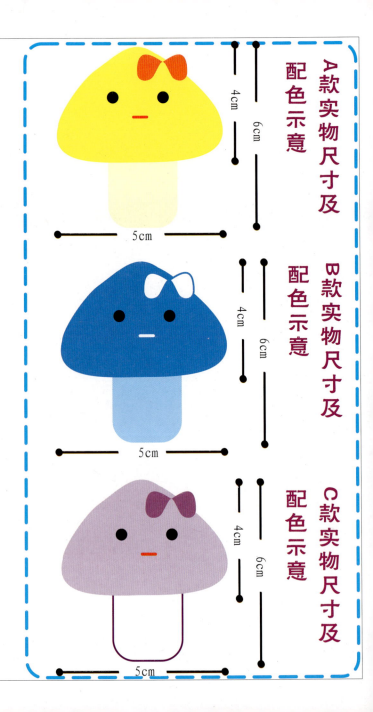

A款实物尺寸及配色示意

B款实物尺寸及配色示意

C款实物尺寸及配色示意

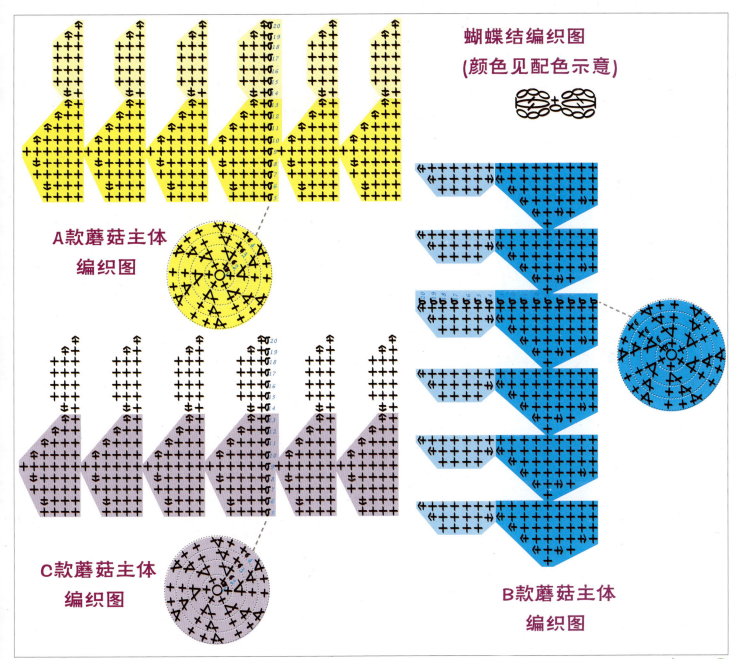

蝴蝶结编织图
(颜色见配色示意)

A款蘑菇主体
编织图

C款蘑菇主体
编织图

B款蘑菇主体
编织图

仙人球兄弟

生活的压力在当今社会尤为突出，更需要有坚强的意志去面对，兄弟俩旺盛的生命力正是我们学习的榜样。

仙人球兄弟

制作详解

【工具】

2.0mm钩针

毛线缝针

手缝针

【材料】

A：草绿色中粗线10g，
　　Pp棉，小黑珠2粒

B：浅灰色中粗线10g，
　　PP棉，小黑珠2粒

【编织要点】

1.这是一款比较简单的钩针玩偶，以椭圆形球体为主，通过饰以头发、眼睛及身体的纹路等方法来突显玩偶的特点。

2.大小仙人球的编织方法相似，底为一个圆形织片，在圆形织片的基础上向上编织出深度，编织到需要深度后进行收拢编织，在完全收拢之前在球体内填充好PP棉，使球体显得饱满充实。它们的眼睛是2粒直径3mm的小黑珠，用手缝针手工固定在图示安装眼睛的位置。

大小仙人球的不同点是大小不同，具体编织的针数和行数可参见编织图。它们的头发是从球体上方收拢的顶点处挑起来进行编织的，编织的针法是辫子针和短针，长度为每根9针。

3.大的仙人球还添加了两只手臂进行拟人化的修饰，编织好两条手臂后，在手臂中填充好PP棉，并按要求固定在球体的两侧。

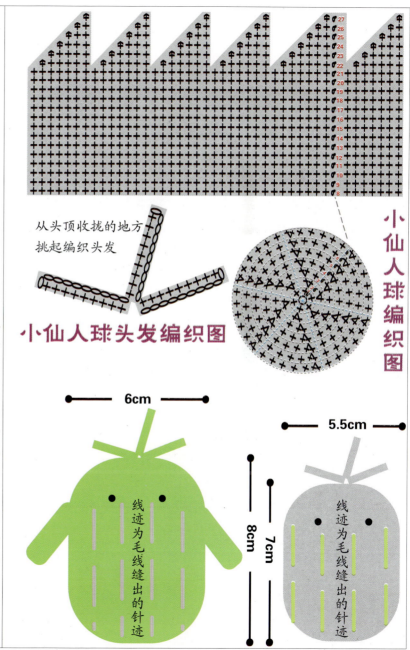

从头顶收拢的地方挑起编织头发

小仙人球头发编织图

小仙人球编织图

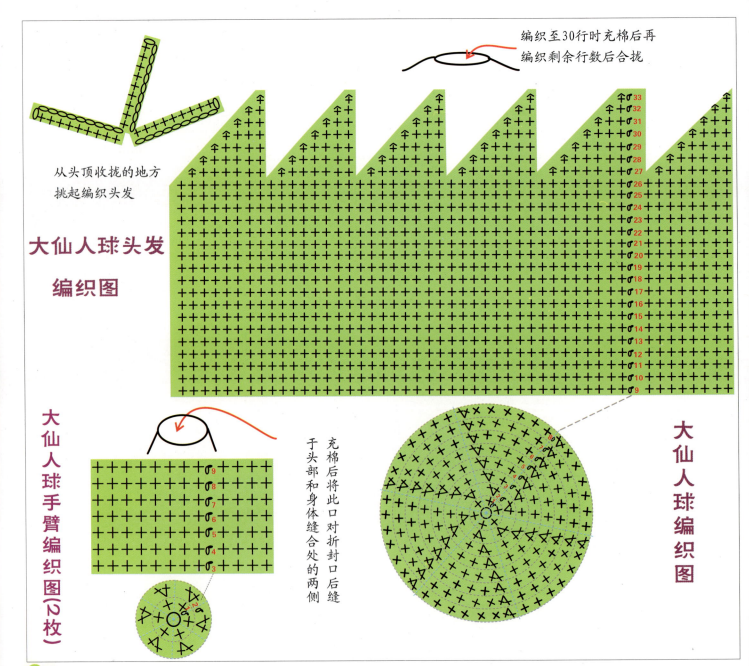

编织至30行时充棉后再
编织剩余行数后合拢

从头顶收拢的地方
挑起编织头发

**大仙人球头发
编织图**

大仙人球手臂编织图(2枚)

充棉后将此口对折封口后缝
于头部和身体缝合处的两侧

大仙人球编织图

A

B

C

　　生活需要装点，当我们编织一些可爱的小动物摆放在家的一角时，偶尔看到，会觉得寂寞的生活中随时有朋友相伴！

可爱的动物夹子

制作详解

【工具】

2.0mm钩针、毛线缝针、手缝针

【材料】

A：绿色、蓝色、红色线各少许，pp棉小黑珠2粒

B：白色、黑色线各少许，pp棉小黑珠2粒

C：淡紫色、黑色线各少许，pp棉，小黑珠2粒

【编织要点】

1.按编织图先织出小动物的主体。

2.根据成品效果图将各款的配饰安装在主体上。

眼睛（紫色2枚）

C款配件编织图

尾巴

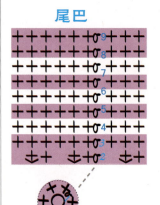

脸部

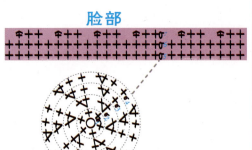

A款实物尺寸及成品效果图

3.5cm

5.5cm

2.5cm

眼睛（黑色部分为小黑珠）

嘴巴（用红色线绣制）

小动物上半部分

小动物下半部分

B款实物尺寸及成品效果图

3.5cm

5.5cm

2.5cm

耳朵

面部五官（眼睛为小黑珠，鼻子、嘴巴用黑线绣制）

小动物上半部分

小动物下半部分

C款实物尺寸及成品效果图

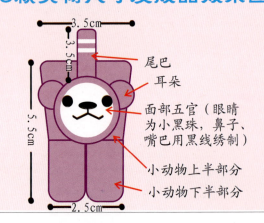

3.5cm

3.5cm

5.5cm

2.5cm

尾巴

耳朵

面部五官（眼睛为小黑珠，鼻子、嘴巴用黑线绣制）

小动物上半部分

小动物下半部分

A款配件编织图

眼睛（蓝色2枚）

脸部（绿色）

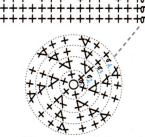

B款配件编织图

耳朵（黑色2枚）

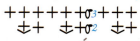

脸部（白色）

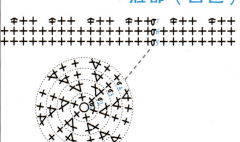

小动物下半部分编织图
(每只脚编织两枚)

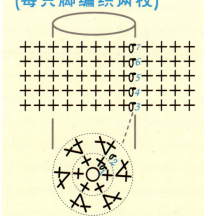

小动物下半部分缝合示意

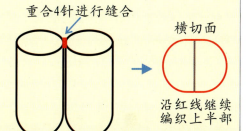

重合4针进行缝合

横切面

沿红线继续编织上半部

小动物上半部分编织图

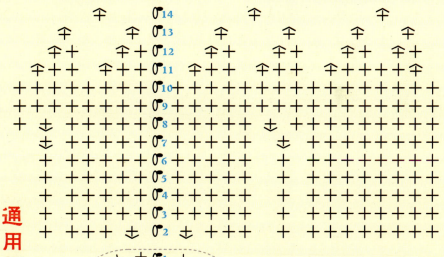

下半部分的两个缝合后由横切面（挑针位置见上图）挑起开始按此图编织上半部分，织完缝合。

通用部分图解

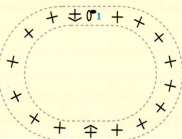

七彩甲壳虫

生活是多姿多彩的，当我们工作烦恼、心情灰暗的时候，或许它们能给我们一些生活的启迪。

七彩甲壳虫
制作详解

实物尺寸

侧面

4cm

2.5cm

5cm

俯视

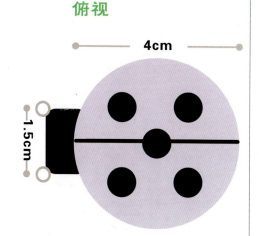

4cm

1.5cm

【工具】

2.0mm钩针、毛线缝针、手缝针、专用胶水

【材料】

A：淡紫色、黑色、白色中粗线各少许，PP棉，3mm珍珠2粒

B：大红色、黑色、白色中粗线各少许，PP棉，3mm珍珠2粒

C：淡蓝色、黑色、白色中粗线各少许，PP棉，3mm珍珠2粒

D：黄色、黑色、白色中粗线各少许，PP棉，3mm珍珠2粒

【编织要点】

1. 按照各部分的编织图，分别编织好甲壳虫的各个部分，其中包括头部（黑色）、身体背部、身体底部。

2. 缝合顺序：在身体内填充PP棉，盖上底部织片，用毛线缝针缝合；将填好PP棉的头部缝上，在头部的两角钉上珍珠作眼睛；用剪好的黑色不织布小圆片粘在身体背部的上方。

3. 装饰部分：用红线在头部前端缝出嘴巴。

各款颜色示意

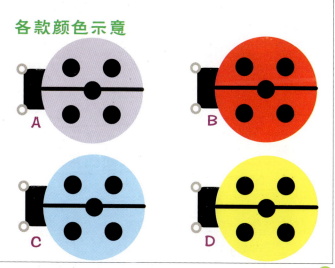

A

B

C

D

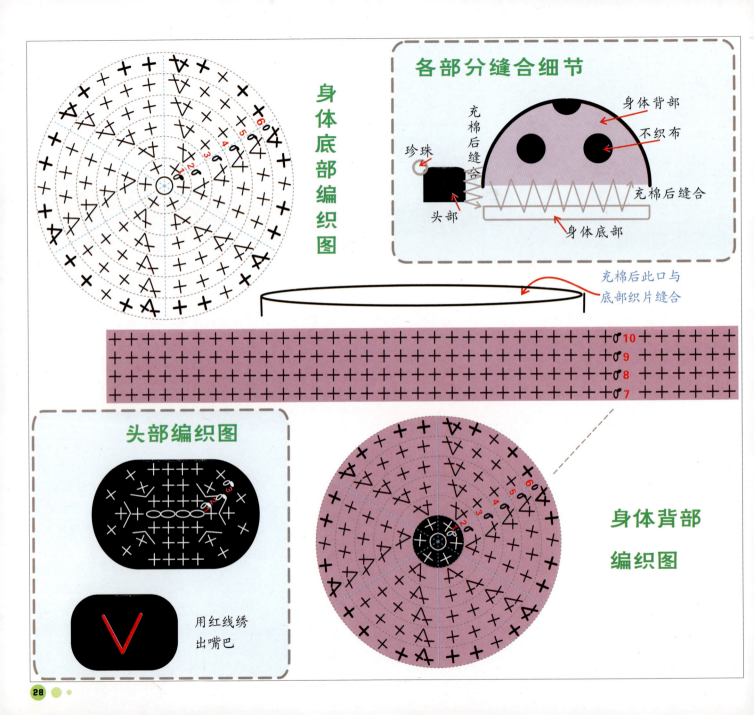

身体底部编织图

各部分缝合细节

珍珠

充棉后缝合

身体背部

不织布

充棉后缝合

头部

身体底部

充棉后此口与
底部织片缝合

头部编织图

用红线绣
出嘴巴

身体背部
编织图

A

B

小姑娘储物盒

居家总有一些小饰品或针线等小物品需要存放，当我们将它们存放在自己亲手编织的这些储物盒里时，实用与美观就和谐起来了。

小姑娘储物盒

制作详解

【工具】

2.0mm钩针

毛线缝针

手缝针

【材料】

A：橙色、淡粉色、
黄色、米黄色、
黑色、大红色
中粗线各少许，
PP棉，小黑珠2粒

B：玫红色、淡粉色、
白色、黑色、大红
色中粗线各少许，PP棉，
小黑珠2粒

【编织要点】

1. 这是一款具有功能性的趣味玩偶，不仅美观，而且具有实用的功能，适合摆放在梳妆台及桌面等地方。

2. 编织分成三部分：主体、头巾及储物盒部分。主体分成头部和裙子两部分，头部是一个圆形球体，裙子是从头部挑起来编织的，编织成喇叭状，还可以做储物盒的盒盖；头巾是一片用棒针编织的三角形织片；储物盒的部分是先编织一个圆形的盒底，然后再向上编织出一定深度，可以根据自己的需要调整深度，以适应储物的需要。

3. 主体部分是通过丝带同时穿过裙子后面下方与盒子连接在一起的，头巾系住头部的圆形球体。

头部五官的装饰有头发、眼睛和嘴巴，可以按照编织图完成，裙摆的前面左下方还粘了两朵漂亮的缎带花作装饰。

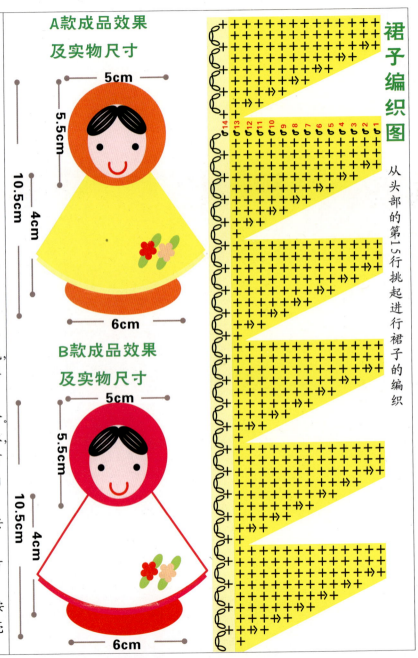

A款成品效果及实物尺寸

5cm

5.5cm

10.5cm

4cm

6cm

B款成品效果及实物尺寸

5cm

5.5cm

10.5cm

4cm

6cm

裙子编织图

从头部的第15行挑起进行裙子的编织

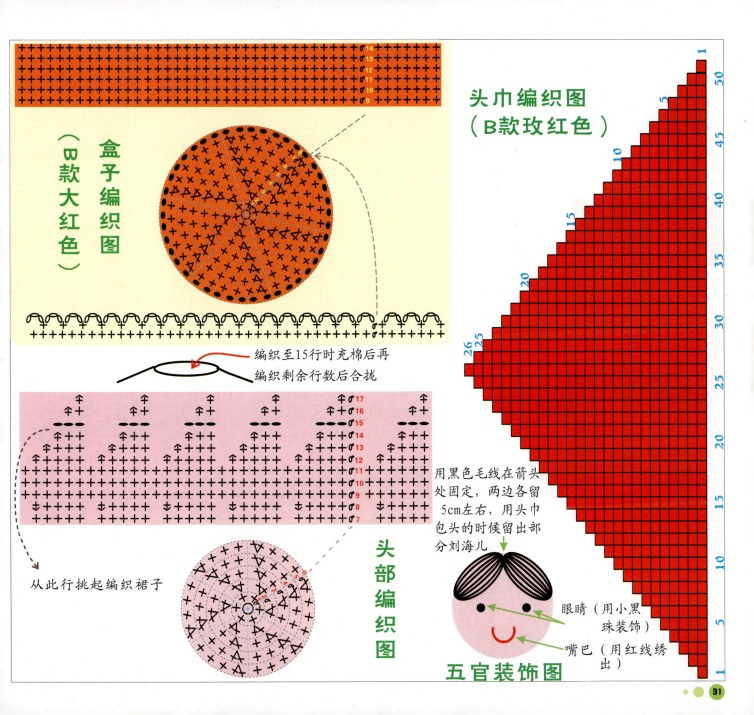

盒子编织图
（B款大红色）

头巾编织图
（B款玫红色）

编织至15行时充棉后再
编织剩余行数后合拢

从此行挑起编织裙子

头部编织图

用黑色毛线在箭头
处固定，两边各留
5cm左右，用头巾
包头的时候留出部
分刘海儿

眼睛（用小黑
珠装饰）

嘴巴（用红线绣
出）

五官装饰图

逗趣的脸谱

每当我看到自己编织的这些逗趣的脸谱，就算再烦恼也会不经意地发出会心的一笑。

逗趣的脸谱

制作详解

【工具】

2.0mm钩针、毛线缝针、手缝针、专用胶水

【材料】

黄色、白色、红色、黑色中粗线各少许，3mm小黑珠，白色、黑色不织布各少许，PP棉

【编织要点】

1. 按照各部分的编织图分别编织好脸谱的两部分：黄色部分和白色部分。

2. 缝合顺序：在黄色部分内填充PP棉，用毛线缝针将其固定在白色部分的中央。

3. 三个脸谱的表情是不同的，"微笑"是用小黑珠钉上作眼睛，用红线绣出微笑的嘴巴；"吃惊"是用不织布剪出眼睛粘在黄色部分上，用红线绣出夸张的嘴巴；"笑眯眯"是用黑线绣出眯着的双眼，再用红色线绣出开口笑的嘴巴。

实物尺寸

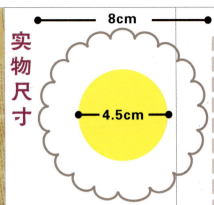

8cm

4.5cm

成品效果图及细节

微笑

眼睛（3mm黑色小珠，用手缝针钉上）

嘴巴（用大红色毛线绣出嘴巴的形状）

吃惊

眼睛（用白色和黑色不织布分别剪出大圆和小圆，粘成眼睛的样子粘在黄色部分上面）

嘴巴（用大红色毛线绣出嘴巴的形状）

笑眯眯

眼睛（3mm黑色小珠，用手缝针钉上）

嘴巴（用大红色毛线绣出嘴巴的形状）

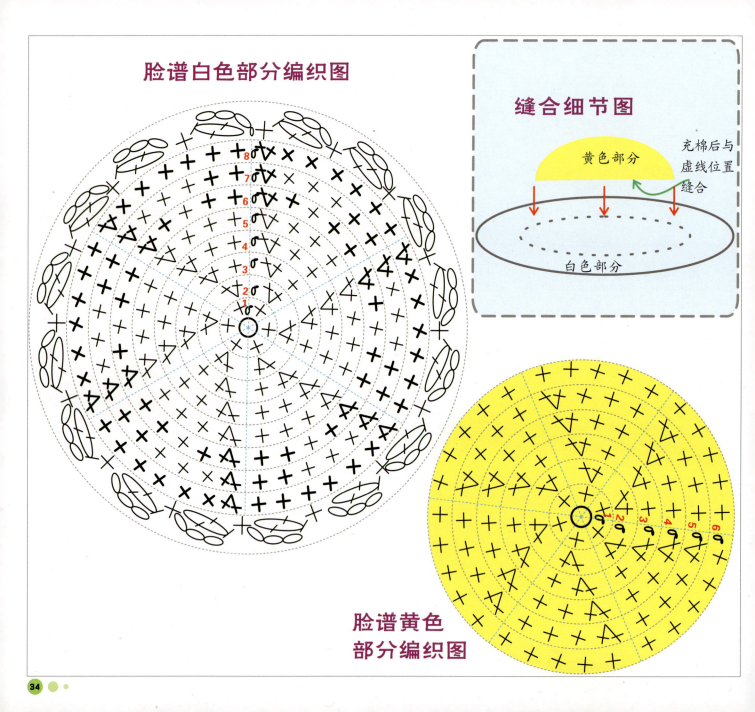

脸谱白色部分编织图

缝合细节图

黄色部分

充棉后与
虚线位置
缝合

白色部分

脸谱黄色
部分编织图

同样的编织物，通过不同的组合，也会织出逗人喜欢的、惹人开心的小饰品来，希望这款顽皮的冰淇淋熊熊能给我们以启迪。

顽皮的冰淇淋熊熊

顽皮的冰淇淋熊熊

制作详解

【工具】

2.0mm钩针

毛线缝针

手缝针

【材料】

A: 淡紫色中粗线8g，白
   色、黑色中粗线各少许，
   PP棉

B: 橘红色中粗线8g、白
   色、黑色中粗线各少许，
   PP棉

【编织要点】

1. 按各部分的分解编织图分别编织出需要缝合的各个部分，包括冰淇淋主体（用白色中粗线从主体的下半部分开始起针，呈球形编织，编织到11行时换成淡紫色线，开始适度收针，呈圆锥形编织，收口前填入PP棉，另外需要注意波浪边的编织，波浪边是从第11行另外挑起编织的 ，小熊的耳朵（针钩织的圆形织片），小熊的鼻子。

2. 缝合过程：将鼻子充棉后缝合在主体白色上半部分，再在鼻子上边最高处平行左右两边隔0.8cm的地方分别绣上两只眼睛，在白色半圆形球体的向上三分之二处的左右两边固定好耳朵。

3. 最后一步就是装饰收尾工作，用白色的中粗线在黑色的鼻子上绣出图示的花纹，使鼻子显得更立体更生动。

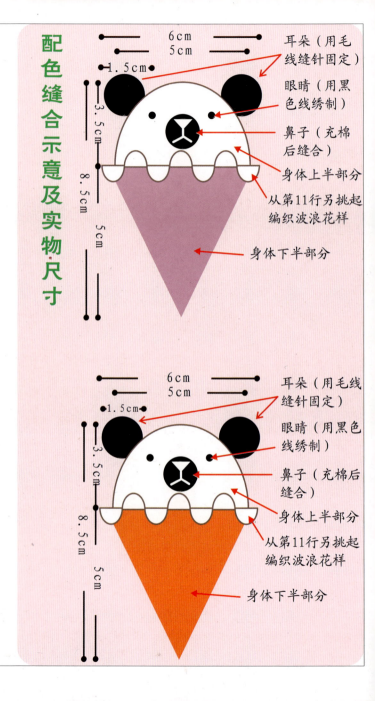

配色缝合示意图及实物尺寸

6cm
5cm
1.5cm
3.5cm
8.5cm
5cm

耳朵（用毛线缝针固定）
眼睛（用黑色线绣制）
鼻子（充棉后缝合）
身体上半部分
从第11行另挑起编织波浪花样
身体下半部分

6cm
5cm
1.5cm
3.5cm
8.5cm
5cm

耳朵（用毛线缝针固定）
眼睛（用黑色线绣制）
鼻子（充棉后缝合）
身体上半部分
从第11行另挑起编织波浪花样
身体下半部分

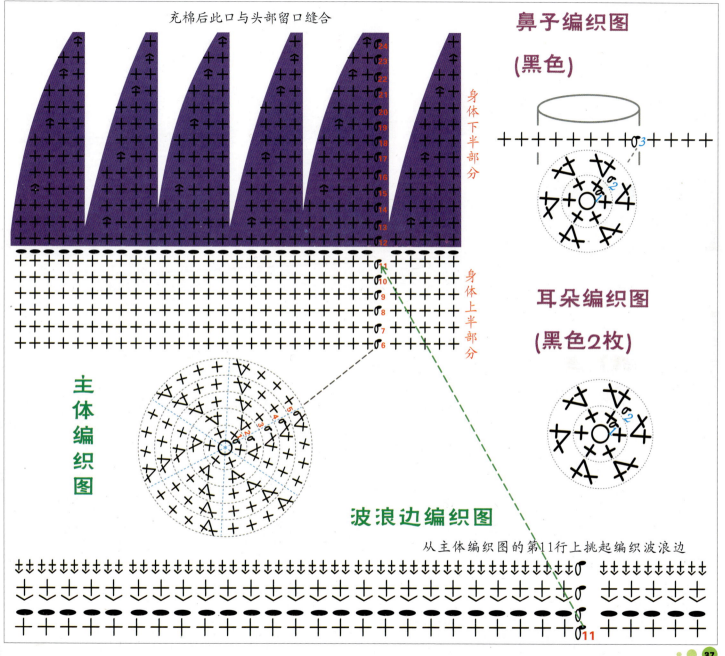

充棉后此口与头部留口缝合

鼻子编织图
(黑色)

身体下半部分

身体上半部分

耳朵编织图
(黑色2枚)

主体编织图

波浪边编织图

从主体编织图的第11行上挑起编织波浪边

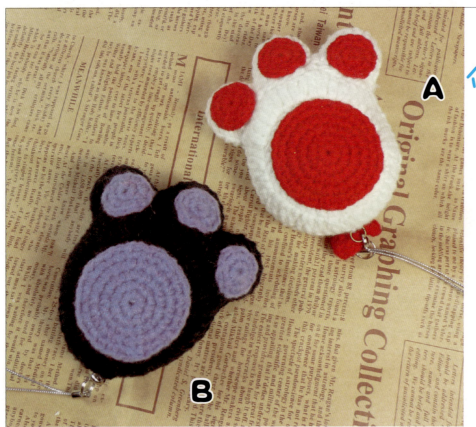

A

B

仿生学钥匙链

在制作这款钥匙链时，灵感来自于可爱动物的脚掌。这也是一门编织仿生学吧！

仿生学钥匙链

制作详解

【工具】

2.0mm钩针
毛线缝针
手缝针

【材料】

A: 白色中粗线10g，大红色中粗线少许，PP棉，手机挂绳

B: 黑色中粗线10g，紫色中粗线少许，PP棉，3mm白色仿珍珠，手机挂绳

【编织要点】

1. 钥匙链的主体是由两片完全相同的类似爪子的织片对缝，中间填充PP棉制成的。单片的爪印是由四个长针钩织成的圆形组成的，1个大圆，3个小圆，3个小圆并排缝在大圆的边缘，拼好以后，按照爪印的形状相应对齐，沿边缘进行缝合，在封口前将PP棉填入。爪的里面用短针钩织的圆形修饰掌心和趾心。

2. 两款的主体除了颜色的搭配外，是完全相同的。在装饰的部分两款略有不同，A款在爪背的上方用一个线钩的蝴蝶结装饰，B款在爪背的上方用线钩的五瓣小花作装饰，花心钉1粒仿珍珠使其更为生动。

A款成品效果及实物尺寸

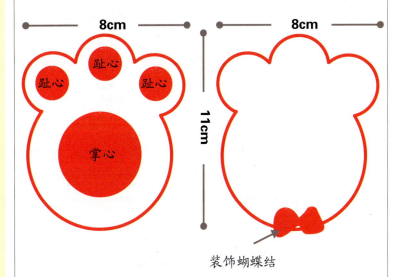

8cm

8cm

11cm

趾心

趾心

趾心

掌心

装饰蝴蝶结

B款成品效果及实物尺寸

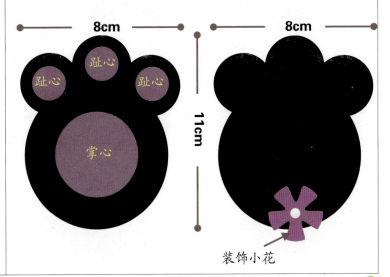

8cm

8cm

11cm

趾心

趾心

趾心

掌心

装饰小花

主体编织图

(A款白色2枚，B款黑色2枚)

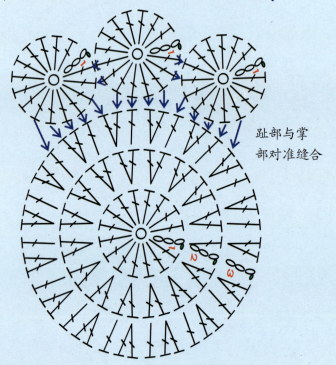

趾部与掌
部对准缝合

每款按上图编织完成2份后对齐缝合，封口前填入PP棉，使之饱满

掌心编织图

(A款红色，B款紫色)

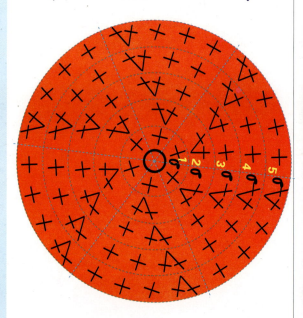

趾心编织图

(A款红色3枚，B款紫色3枚)

B款小花
编织图

A款蝴蝶结编织图

可爱的丑小鸭一家

丑小鸭活泼可爱，一家子也能其乐融融的，摆放在家里适当的位置也会给现代家庭增添无穷的乐趣与生机！

可爱的丑小鸭一家
制作详解

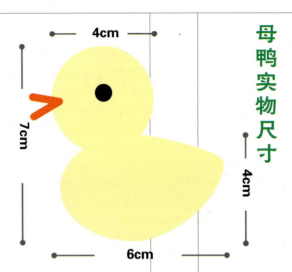

4cm
7cm
6cm

母鸭实物尺寸

小鸭实物尺寸

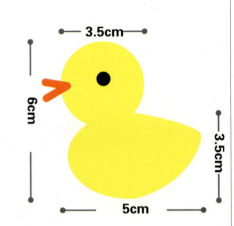

3.5cm
6cm
3.5cm
5cm

【工具】

2.0mm钩针、毛线缝针、手缝针

【材料】

淡黄色、黄色中粗线各15g，PP棉，小黑珠10粒，橙色、褐色不织布各少许

【编织要点】

1.这款一共有5只鸭子：1只母鸭、3只小鸭、1只丑小鸭。

2.按图解先编织出各个分解部分，然后缝合。将鸭子的头部和身体按要求缝合起来，其中一只淡黄色小鸭的头部与身体错开角度，缝合后的效果显示为扭头状态。

装饰部分：用橙色的不织布剪出小鸭的嘴巴，小鸭的嘴巴是一个长条两端呈圆弧的不织布片，将其对折后压出痕迹，在对折线的位置涂上专用胶水，粘在头部上嘴巴相应的位置，并用手缝针将两粒仿珍珠钉在头部眼睛相应的位置，这样便全部完成。

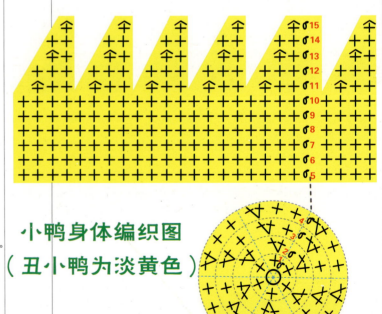

小鸭身体编织图
（丑小鸭为淡黄色）

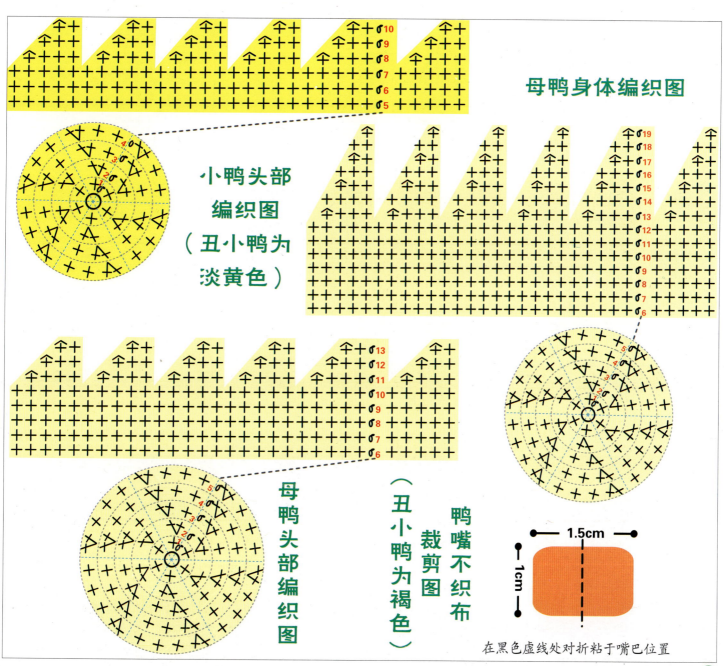

母鸭身体编织图

小鸭头部
编织图
（丑小鸭为
淡黄色）

母鸭头部编织图

鸭嘴不织布
裁剪图
（丑小鸭为褐色）

1.5cm

1cm

在黑色虚线处对折粘于嘴巴位置

小小顽皮熊

小小顽皮熊，憨态可掬，身着各色衣服的小熊，不论是做挂饰还是做摆件，都很养眼哦！

A

B

C

制作详解

【工具】

2.0mm钩针
毛线缝针
手缝针

【材料】

A：淡蓝色、白色、黑色中粗
线各少许，PP棉，小黑珠
2粒

B：黄色、白色、黑色中粗线
各少许，PP棉，小黑珠2
粒

C：淡绿色、白色、黑色中粗
线各少许，PP棉，小黑珠
2粒

【编织要点】

1.三只小熊的编织方法是完全相同的，不同的只有颜色的运用。按照分步图解分别编织出小熊的各个组成部分，包括头部、身体、耳朵、四肢、尾巴、鼻子及嘴巴。

2.缝合顺序：身体和头部是需要填充PP棉以后再缝合起来的。鼻子和嘴巴缝制在面部上，嘴巴上面还要用黑色线绣出嘴的轮廓。眼睛是两粒小黑珠，钉在鼻子上方的两边。四肢固定在身体部分的上下两侧。尾巴固定在身体后面的下方。

3.装饰部分：可以根据需要决定是否为小熊们装上方便的挂绳。

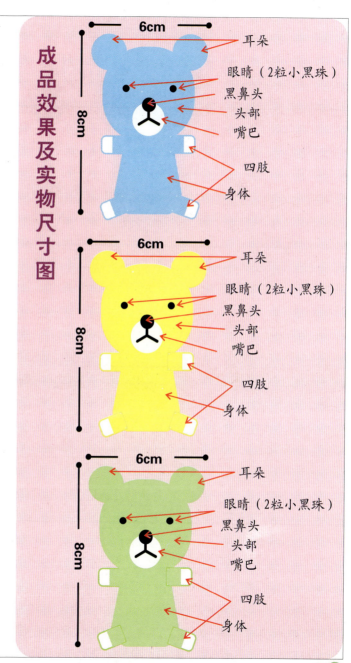

成品效果及实物尺寸图

6cm
8cm

耳朵
眼睛（2粒小黑珠）
黑鼻头
头部
嘴巴
四肢
身体

6cm
8cm

耳朵
眼睛（2粒小黑珠）
黑鼻头
头部
嘴巴
四肢
身体

6cm
8cm

耳朵
眼睛（2粒小黑珠）
黑鼻头
头部
嘴巴
四肢
身体

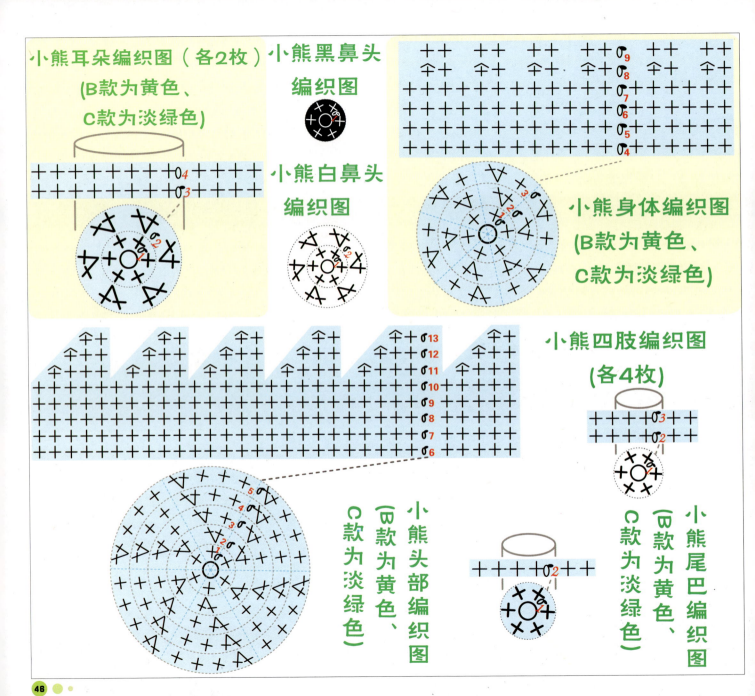

小熊耳朵编织图（各2枚）
(B款为黄色、
C款为淡绿色)

小熊黑鼻头
编织图

小熊白鼻头
编织图

小熊身体编织图
(B款为黄色、
C款为淡绿色)

小熊四肢编织图
(各4枚)

小熊头部编织图
(B款为黄色、
C款为淡绿色)

小熊尾巴编织图
(B款为黄色、
C款为淡绿色)

编织出香甜可口的草莓，鲜艳欲滴，摆放在餐桌、茶几上，除了能满足我们的视觉享受，还能调节我们的心情，平添食欲。

浓郁芳香甜草莓

浓郁芳香甜草莓

制作详解

【工具】

2.0mm钩针
毛线缝针

【材料】

红色中粗线15g，
草绿色、白色中粗线各少
许，PP棉，

【编织要点】

　　1.用大红色线编织草莓主体，在收拢封口以前，将PP棉塞入球体内呈饱满状，然后再收口。草绿色的叶子编织好以后，用毛线缝针固定在草莓大头的一端。

　　2.用白色的线在红色球体上散乱绣出白色的小点，好似草莓身上的小子。

成品效果及实物尺寸

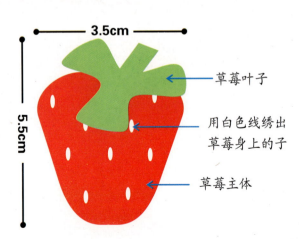

草莓叶子

用白色线绣出
草莓身上的子

草莓主体

玩偶缝合技巧

玩偶的缝合有几个简单的基本原则：

1. 压扁；
2. 确实穿过每一针；
3. 见缝插针。

先从把毛线拉出开始：

　　大约量一下想缝合处的长度，留大约2.5倍长，再多加缝合使用的针的长度。缝合头跟身体的话，只要留一边就好，保险一点还是不要剪太短。

　　每一部分都弄好后(塞点棉花，耳朵不用塞)，就要开始缝合了，以最基本的熊熊做例子吧。

头跟身体缝合：

　　线头对线头，用毛线缝针穿过每一目(边穿边拉紧)，快结束时，检查一下头是否是圆的，棉花够不够(趁机补救)，最后一针多绕一次加强。

接下来要缝鼻子：

　　先不要塞棉花，把鼻子压扁在你想要的位置上，剩一点的时候，记得再塞棉花！最后收针方法跟前面一样。

缝耳朵：

　　把头压扁找出耳朵的位置，懒人缝法是把耳朵前后两面的针目2目当成1目。

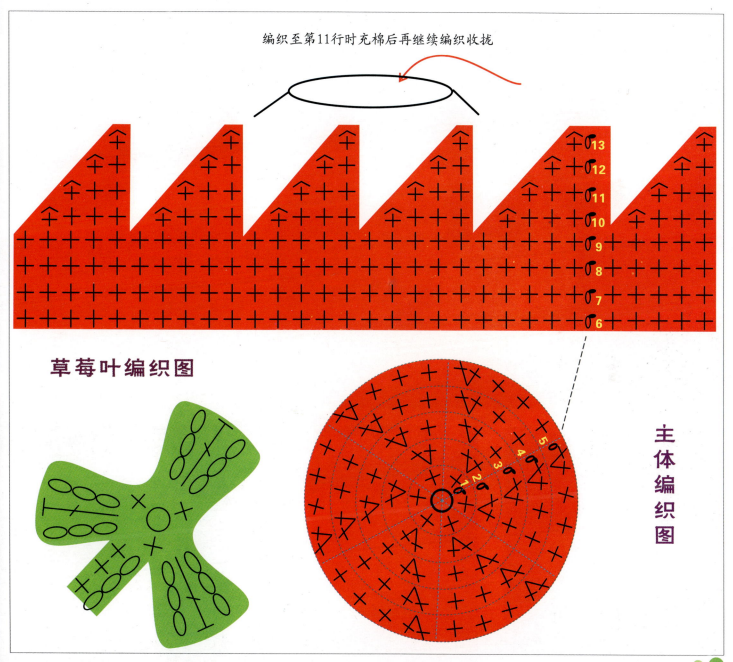

编织至第11行时充棉后再继续编织收拢

草莓叶编织图

主体编织图

积极乐观的蜗牛

蜗牛是乐观主义者,它带着房子随遇而安,每当看到自己编织的蜗牛时,总会使我心情愉快、舒畅!

A

B

C

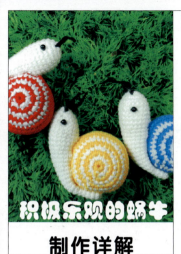

积极乐观的蜗牛

制作详解

【工具】

2.0mm钩针

毛线缝针

手缝针

别针

【材料】

A：天蓝色、白色、黑色中粗线各少许，PP棉，小黑珠2粒

B：黄色、白色、黑色中粗线各少许，PP棉，小黑珠2粒

C：大红色、白色、黑色中粗线各少许，PP棉，小黑珠2粒

【编织要点】

1. 首先我们要按照各部分的分解编织图分别编织出蜗牛的每一个组成部分，这些部分包括蜗牛壳和蜗牛身体。

2. 缝合顺序：在蜗牛壳和蜗牛身体内分别填充好PP棉并全部编织完成以后，将蜗牛壳的部分放在编织好的蜗牛身体上，并调整好相连的状态，再用别针将其暂时固定好，然后用白色线缝合固定，注意藏好线头，不要影响整体美观。

3. 装饰部分：将两粒小黑珠分别用手缝针固定在蜗牛头部的两侧作眼睛，再用一段黑线穿过蜗牛的头顶，最后用钩针将这段线在外面的两端钩成辫子针的样子，用来作为蜗牛的触角。

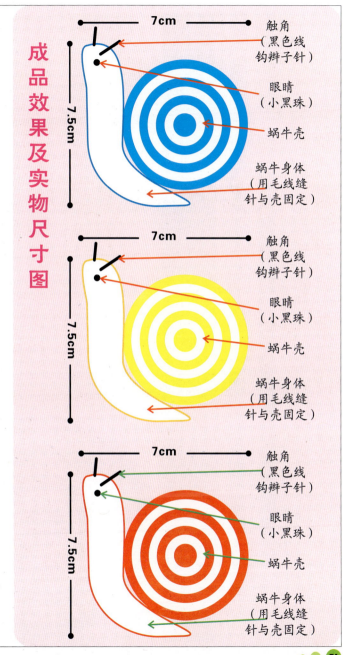

成品效果及实物尺寸图

7cm

7.5cm

触角（黑色线钩辫子针）

眼睛（小黑珠）

蜗牛壳

蜗牛身体（用毛线缝针与壳固定）

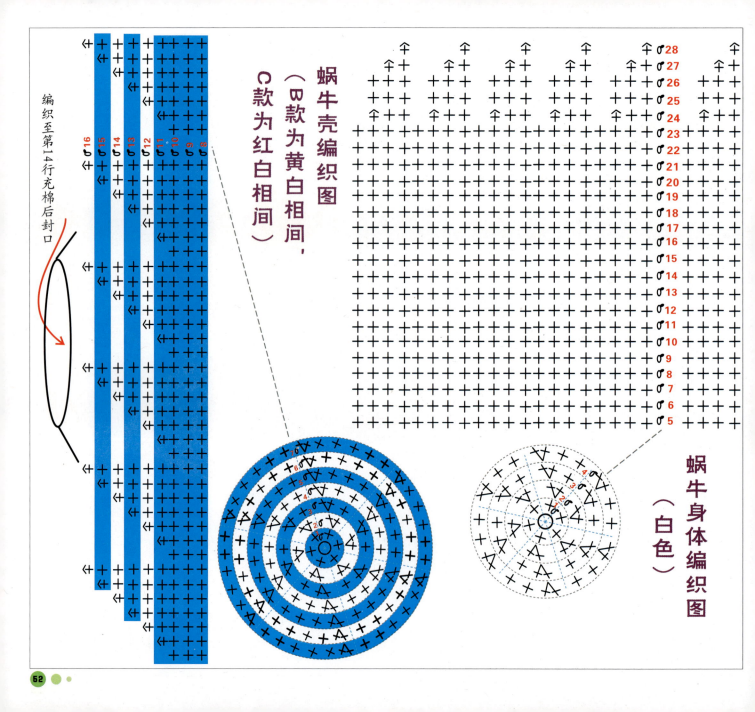

蜗牛壳编织图
（B款为黄白相间，
C款为红白相间）

编织至第14行充棉后封口

蜗牛身体编织图
（白色）

快乐水果家族

　　紫色的葡萄，大红的苹果，金黄的梨子，或摆于水果盘里，或挂于餐厅墙上，无不体现出主人对甜蜜生活的追求与向往！

快乐水果家族
制作详解

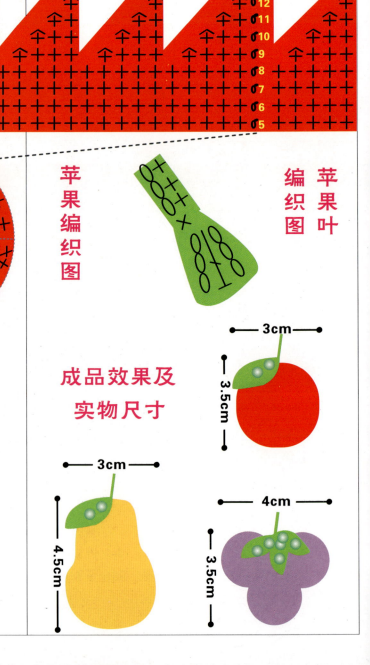

苹果编织图

苹果叶
编织图

成品效果及
实物尺寸

3cm
3.5cm

3cm
4.5cm

4cm
3.5cm

【工具】

2.0mm钩针、毛线缝针、手缝针

【材料】

梨子：黄色、草绿色线各少许，PP棉，绿色亮片
苹果：红色、草绿色线各少许，PP棉，绿色亮片
葡萄：淡紫色、草绿色线各少许，PP棉，绿色亮片

【编织要点】

1. 按各部分编织图分别编织好梨子、苹果、葡萄的各个部分的配件，三种水果的主体都是在编织过程中填充PP棉。
2. 缝合部分：将三种水果主体的叶子对应缝合好。
3. 装饰部分：三种水果的叶子都用手缝针钉好亮片作装饰，使叶子看上去更闪亮。安装好手机挂绳，还可以点缀各种珠子作装饰。

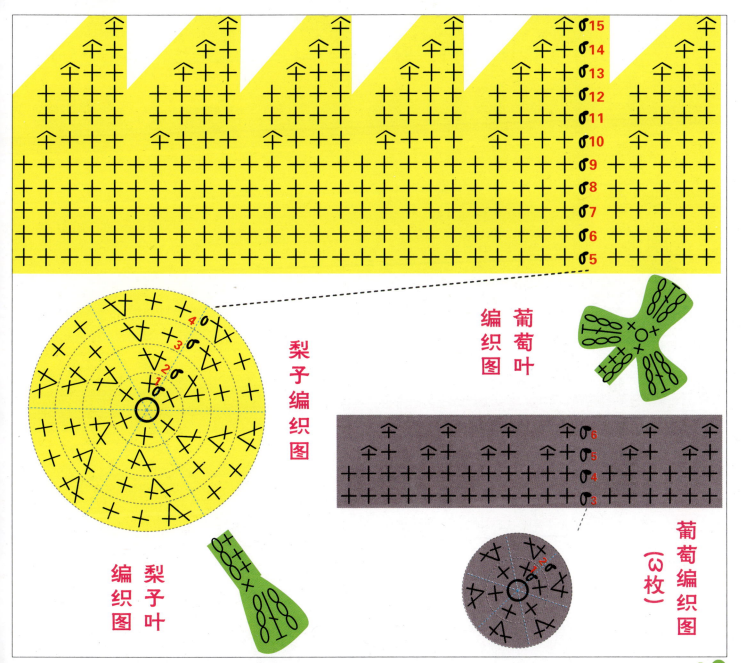

葡萄叶编织图

梨子编织图

葡萄编织图（3枚）

梨子叶编织图

戏水的快乐小鸭

浅浅的水盘里，碧波荡漾。顽皮的小鸭，玩得是那么的愉快！自由自在的生活是我心所向。

戏水的快乐小鸭

制作详解

实物尺寸：底托

10cm

10cm

实物尺寸：装饰小鸭

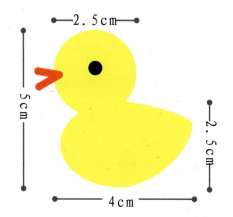

2.5cm

5cm

2.5cm

4cm

【工具】

2.0mm钩针、毛线缝针、手缝针，纺织品专用胶水，剪刀，橙色的不织布

【材料】

A：淡蓝色中粗奶棉线8g，黄色、天蓝色、白色中粗奶棉线各少许，PP棉，3mm黑色仿珍珠2粒

B：天蓝色中粗奶棉线8g，黄色、淡蓝色、白色中粗奶棉线各少许，PP棉，3mm黑色仿珍珠2粒

C：白色中粗奶棉线8g，黄色、天蓝色、淡蓝色中粗奶棉线各少许，PP棉，3mm黑色仿珍珠2粒

【编织要点】

1. 按各部分编织图编织好各个部分的配件。底托是一个直径为10cm的正圆形织片，全部由短针编织而成；点缀其上的小鸭，由头和身体两部分组成，头部从留口处充棉，身体部分在编织过程中充棉后封口。

2. 缝合顺序：编织完各部分以后，将小鸭的头部和身体按要求缝合起来，并将缝合好的小鸭身体底部与底托缝在一起，注意不要露出线头。

3. 装饰部分：用橙色的不织布剪出小鸭的嘴巴，小鸭的嘴巴是一个长条形两端呈圆弧的不织布片，将其对折后压出痕迹，在对折线的位置涂上专用胶水，粘在头部嘴巴相应的位置上面，并用手缝针将两粒仿珍珠钉在头部眼睛相应的位置上面，这样便全部完成。

完成后的效果就仿佛是一只可爱的小鸭子在水上面开心地游走，随着小鸭的慢慢前进，身后留下了一串串美丽的涟漪，层层叠叠的涟漪讲述着池塘里发生的一个个有趣的故事……

底托编织图

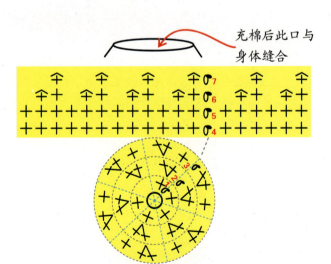

A款底托配色方案： 1~3行淡蓝色；4行天蓝色；5~7行淡蓝色；8行白色；9~10行淡蓝色；11行天蓝色。

B款底托配色方案： 1~3行天蓝色；4行白色；5~7行天蓝色；8行淡蓝色；9~10行天蓝色；11行白色。

C款底托配色方案： 1~3行白色；4行淡蓝色；5~7行白色；8行天蓝色；9~10行白色；11行淡蓝色。

小鸭嘴巴裁剪图

长：2cm，宽5mm

对折线

小鸭头部编织图

充棉后此口与身体缝合

小鸭身体编织图

编织完7行充棉后编织8—10行封口

熟练篇

一件一件的小作，让人越来越爱上它，沉浸在手作的世界里，不能自拔。经常动手能让人的头脑更加灵活，还能提高人的审美和创作能力。逐渐熟练的技巧会让你忍不住一步步向更高难度挑战。

两只调皮的小熊也能成为亲密的朋友，摆放在儿童房里，会给孤独的孩子带去无穷乐趣！

一对好朋友

一时好朋友

制作详解

【工具】

2.0mm钩针、毛线缝针

【材料】

A: 黑色中粗线8g，白色、淡绿色、橙色、蓝色线
各少许，PP棉，蓝色、黑色不织布各少许

B: 灰色中粗线8g，白色、粉红色、红色、蓝色线
各少许，PP棉，土黄色、黑色不织布各少许

【编织要点】

1. 按各部分编织图编织好各个部分的配件。
2. 缝合顺序：头部和身体填充好PP棉后将留口相对
缝合；将头部的各配件缝上，注意鼻子上的绣
花；将手足分别缝合在身体的相应位置上。
3. 装饰部分：用不织布剪出眼睛粘在头部上的相
应位置；用相应色线系在脖子上；用白色线在
手掌上绣两条线，显示为掌纹；在身体前面绣
上装饰花纹。

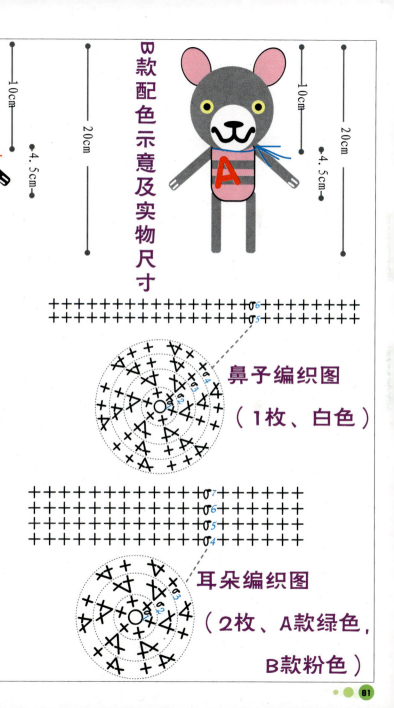

A款配色示意及实物尺寸

B款配色示意及实物尺寸

鼻子编织图
（1枚、白色）

耳朵编织图
（2枚、A款绿色，
B款粉色）

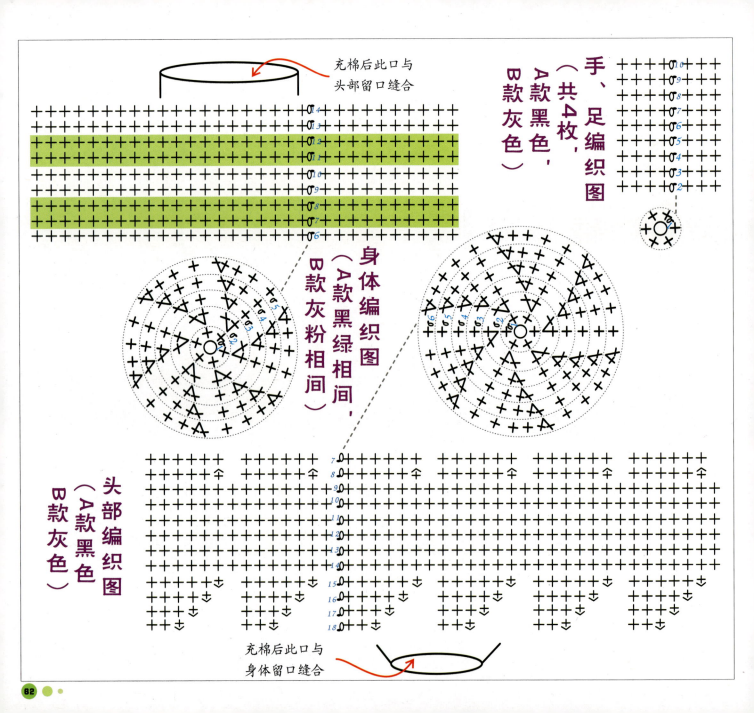

手、足编织图
（共4枚，
A款黑色，
B款灰色）

充棉后此口与
头部留口缝合

身体编织图
（A款黑绿相间，
B款灰粉相间）

头部编织图
（A款黑色，
B款灰色）

充棉后此口与
身体留口缝合

百变小灰熊

尝试着给小灰熊憨憨换上不同的装束，会产生不同的视觉效果。

百变小灰熊

制作详解

6cm

9.5cm

9cm

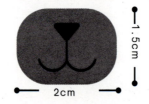

戴帽实物尺寸

6cm

11cm

9cm

【工具】

2.0mm钩针、毛线缝针、手缝针
专用胶水

【材料】

灰色、粉红色中粗线各10g，PP棉，
灰色、粉红色不织布各少许，3mm
黑色仿珍珠4粒（作眼睛）

【编织要点】

1. 按各部分编织图分别编织好头、身体、手、足、耳
及帽子等。
2. 缝合顺序：头部和身体填充好棉后将留口对正后缝
合；将耳朵缝在头部相应的位置上；手和足填充棉
后缝在身体的相应部位；将帽子在身体后面中部与
头部缝合的地方缝合6针；缝好帽子上的猪耳朵；将
眼睛缝在相应位置；不织布装饰用专用胶水粘在相
应位置。

熊鼻不织布花样

2cm

1.5cm

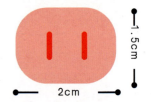

猪鼻不织布花样

2cm

1.5cm

足部编织图(灰色2枚)

充棉后此口缝于身体前下方两侧

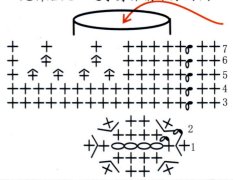

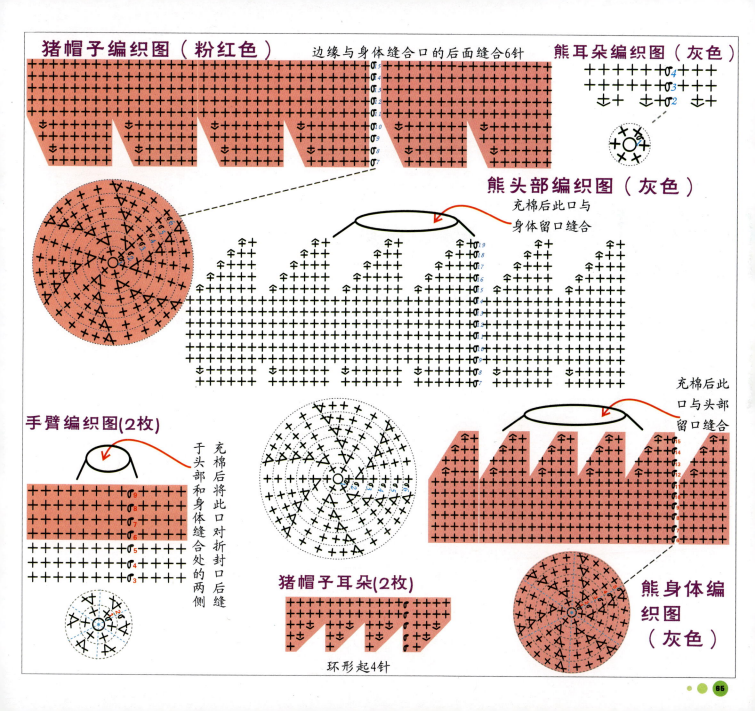

猪帽子编织图（粉红色）

边缘与身体缝合口的后面缝合6针

熊耳朵编织图（灰色）

熊头部编织图（灰色）

充棉后此口与
身体留口缝合

充棉后此
口与头部
留口缝合

手臂编织图(2枚)

充棉后将此口对折封口后缝
于头部和身体缝合处的两侧

猪帽子耳朵(2枚)

环形起4针

熊身体编
织图
（灰色）

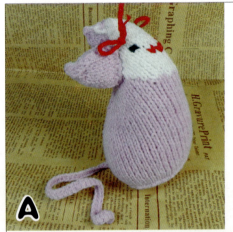

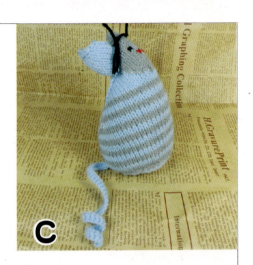

顽皮小米鼠

不同颜色的小米鼠看起来是那么活泼可爱，一定会给

我们平淡的生活增加一抹颜色！

顽皮小米鼠

制作详解

【工具】

12号棒针、毛线缝针

【材料】

A: 淡蓝色、灰色中粗
线10g、红色、黑色
线各少许，PP棉

B: 玫红中粗线15g、
粉色、红色、淡蓝、
红色、黄色线各少
许，PP棉

C: 淡紫色中粗线10g、
白色、红色、黑色
线各少许，PP棉

【编织要点】

1. 按图解要求分块编织足
   量配件。

2. 身体部分：用红色线和
   黑色线分别绣出眼睛和
   嘴巴，缝合两个弧形侧
   边，使下方呈一圆形与
   底座缝合，缝完之前留
   一小口，装入PP棉。

3. 耳朵部分：将大小两片
   耳部织片相对缝合后对
   折，底边缝在脸部缝线
   两侧，一边一只。

4. 用钩针钩出尾巴，固定
   在底座与身体中线缝合
   的地方。

耳朵外侧编织图(2枚)
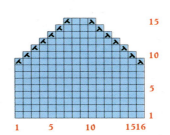

底面编织图
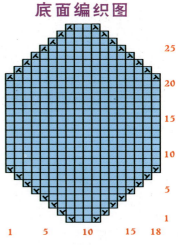

身体编织图
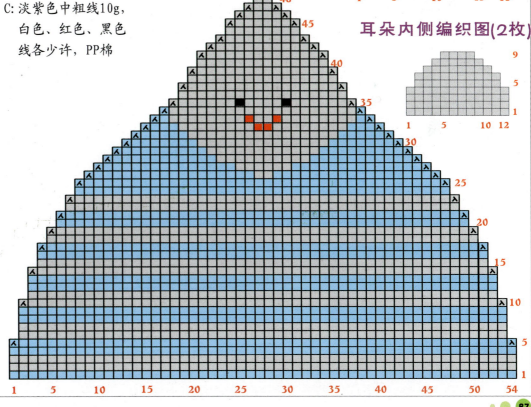

耳朵内侧编织图(2枚)

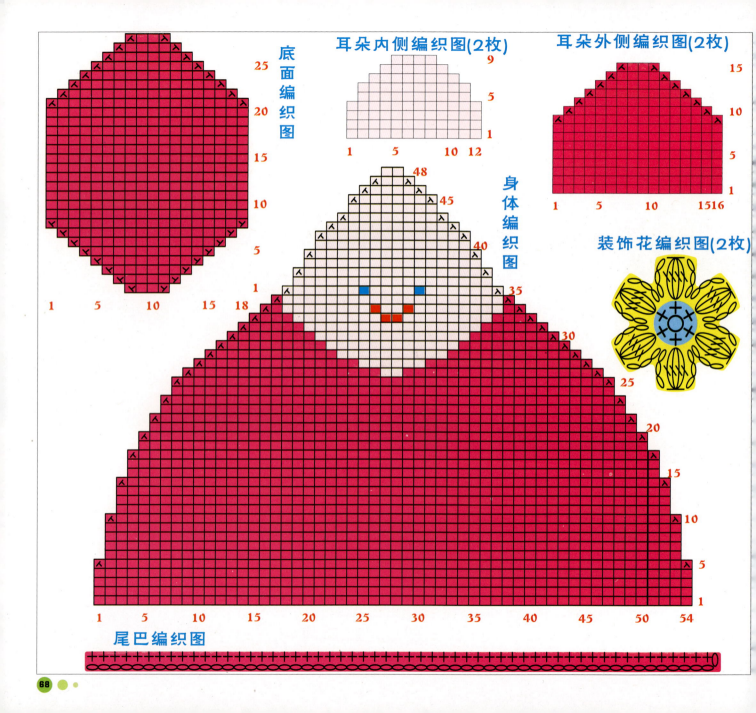

底面编织图

耳朵内侧编织图(2枚)

耳朵外侧编织图(2枚)

身体编织图

装饰花编织图(2枚)

尾巴编织图

看到这些可爱的小东西，那么天真活泼，
也会让我对自己的童年产生无限的怀念。

天真虫宝宝

A

B

C

天真虫宝宝
制作详解

【工具】

2.0mm钩针
毛线缝针
手缝针

【材料】

A: 淡蓝色中粗线10g，白色、
黄色、大红色线各少许，
粉红色不织布少许
PP棉，小黑珠

B: 淡绿色中粗线10g，白色、
大红色线各少许，粉红色

不织布少许，PP棉，小黑珠

C: 粉红色中粗线10g，白色、黄色、大红色线各少许，
粉红色不织布少许，PP棉，小黑珠

【编织要点】

　　按图解编织出虫宝宝的每一个部分：头部、中号球
身体、小号球身体，然后按照成品效果图进行缝合，还
可分别为它们做出个性的装饰。

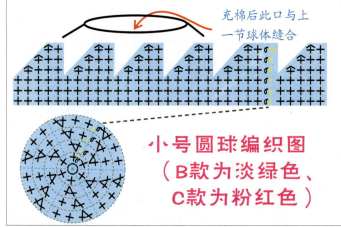

充棉后此口与上
一节球体缝合

小号圆球编织图
（B款为淡绿色、
C款为粉红色）

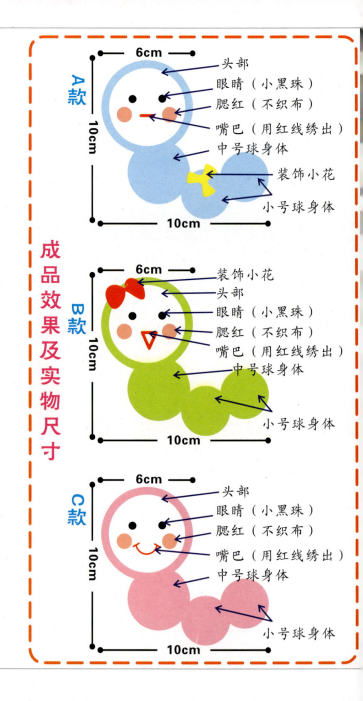

成品效果及实物尺寸

A款

6cm
10cm
10cm

头部
眼睛（小黑珠）
腮红（不织布）
嘴巴（用红线绣出）
中号球身体
装饰小花
小号球身体

B款

6cm
10cm
10cm

装饰小花
头部
眼睛（小黑珠）
腮红（不织布）
嘴巴（用红线绣出）
中号球身体
小号球身体

C款

6cm
10cm
10cm

头部
眼睛（小黑珠）
腮红（不织布）
嘴巴（用红线绣出）
中号球身体
小号球身体

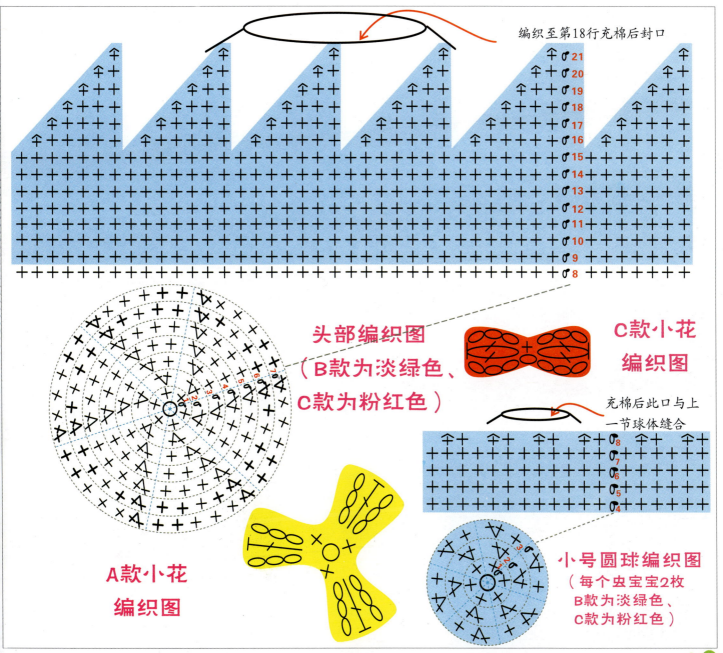

编织至第18行充棉后封口

头部编织图
（B款为淡绿色、
C款为粉红色）

C款小花
编织图

充棉后此口与上
一节球体缝合

A款小花
编织图

小号圆球编织图
（每个虫宝宝2枚
B款为淡绿色、
C款为粉红色）

A

B

憨态可鞠的熊宝宝

给两只熊宝宝分别地打扮一番，更是憨态可鞠。摆放或挂在房间，会不时让你看到后开怀一笑。

成品效果及实物尺寸

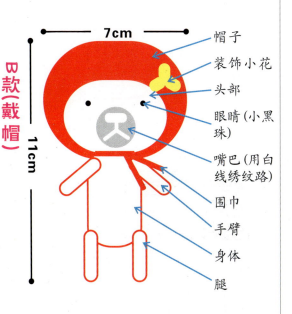

憨态可掬的熊宝宝

制作详解

A款（未戴帽）

6.5cm

10cm

- 头部
- 耳朵
- 眼睛（小黑珠）
- 嘴巴（用灰线绣纹路）
- 围巾
- 手臂
- 身体
- 腿

B款（戴帽）

7cm

11cm

- 帽子
- 装饰小花
- 头部
- 眼睛（小黑珠）
- 嘴巴（用白线绣纹路）
- 围巾
- 手臂
- 身体
- 腿

【工具】

2.0mm钩针、毛线缝针、手缝针

【材料】

A: 灰色、蓝色、白色中粗线各少许，PP棉，小黑珠2粒

B: 红色、灰色、白色中粗线各少许，PP棉，小黑珠2粒

【编织要点】

1. 按各部分的分解编织图编织好玩偶各个部分的配件。包括头部、身体、四肢、嘴巴、帽子以及围巾。
2. 缝合顺序：将头部和身体分别充棉后对正缝合，在面部缝上嘴巴，将四肢分别缝合于身体的左右上下两侧。
3. 装饰部分：将准备好的小黑珠固定在头部正面眼睛的位置，用线在嘴巴上绣出鼻和嘴的轮廓。

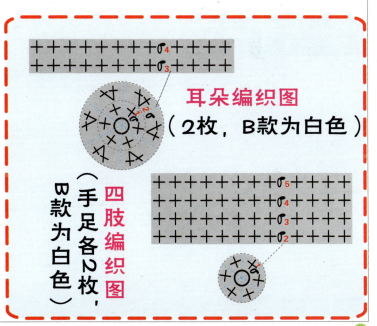

耳朵编织图
（2枚，B款为白色）

四肢编织图
（手足各2枚，B款为白色）

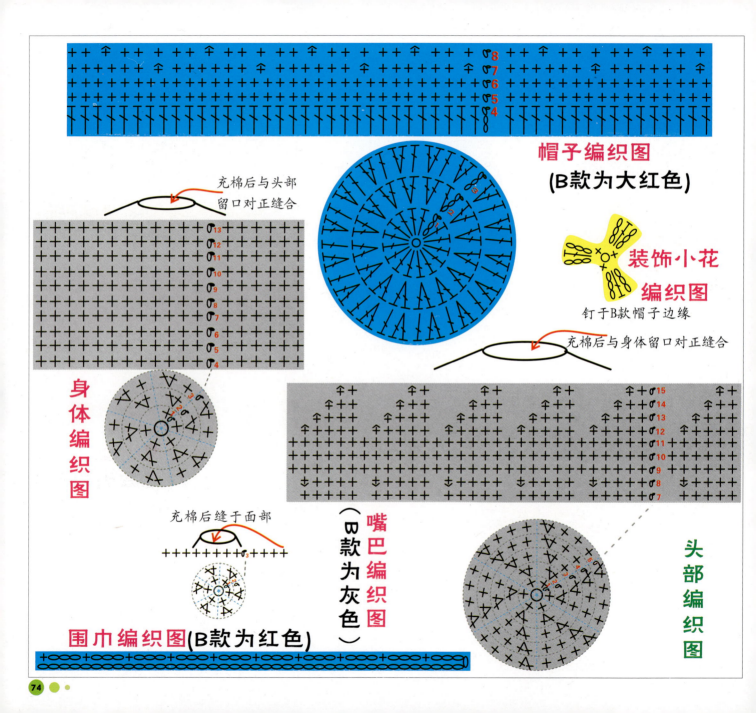

帽子编织图
(B款为大红色)

充棉后与头部
留口对正缝合

装饰小花
编织图
钉于B款帽子边缘

充棉后与身体留口对正缝合

身体
编织
图

充棉后缝于面部

嘴巴编织图
(B款为灰色)

围巾编织图(B款为红色)

头部
编织
图

快乐的三口之家

　　看到快乐的乌龟三口之家，一起转圈，叠罗汉，是多么的幸福，这对和谐我们三口之家是否有很好的启迪呢?

制作详解

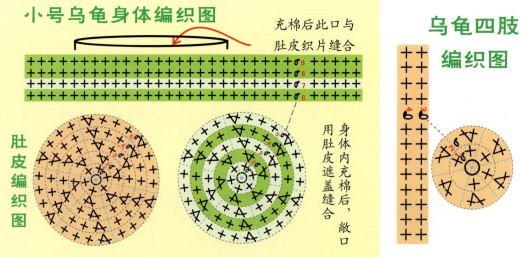

小号乌龟身体编织图

充棉后此口与肚皮织片缝合

9 8 7 6

身体内充棉后，敞口用肚皮遮盖缝合

肚皮编织图

乌龟四肢编织图

【工具】

  2.0mm钩针、毛线缝针、专用胶水

【材料】

大号：天蓝色、淡蓝色、橙色、肉色中粗线各少许，PP棉，小黑珠

中号：玫红色、淡粉色、橙色、肉色中粗线各少许，PP棉，小黑珠

小号：草绿色、淡绿色、橙色、肉色中粗线各少许，PP棉，小黑珠

【编织要点】

  1. 按各部分编织图编织好各个部分的配件。

  2. 缝合顺序：身体与肚皮缝合成乌龟的主体，固定头部和尾巴确定乌龟的身体的方向，在此基础上固定好乌龟的四肢。

  3. 装饰部分：将准备好的小黑珠固定在乌龟头部的两侧，使乌龟看上去更生动。用橙色的线在乌龟身体上绣出米字形的花纹。

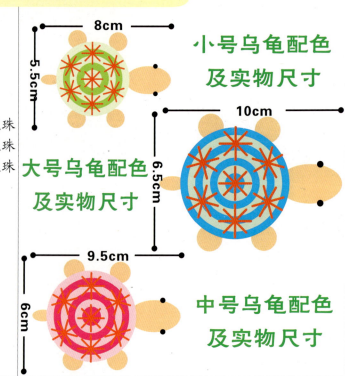

8cm

5.5cm

小号乌龟配色及实物尺寸

10cm

6.5cm

大号乌龟配色及实物尺寸

9.5cm

6cm

中号乌龟配色及实物尺寸

中号乌龟身体编织图

充棉后此口与
肚皮织片缝合

乌龟头部编织图

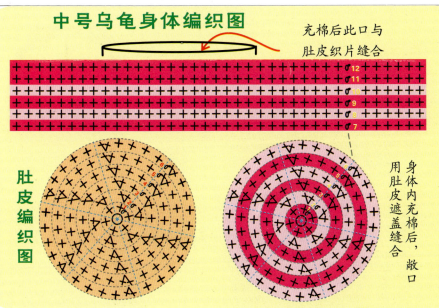

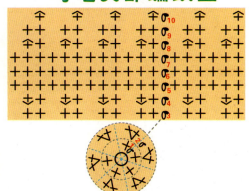

肚皮编织图

身体内充棉后，敞口
用肚皮遮盖缝合

编织完毕充棉以后用收口的一端
固定在缝合好的乌龟身体上

乌龟尾巴
编织图

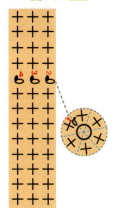

编织完后固定在乌
龟身体与固定头部
相对的一方

大号乌龟身体编织图

充棉后此口与
肚皮织片缝合

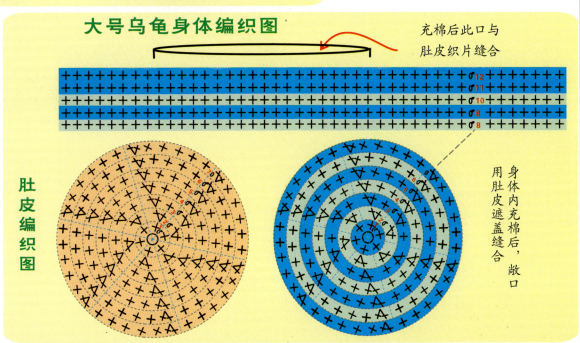

肚皮编织图

身体内充棉后，敞口
用肚皮遮盖缝合

情侣企鹅

摆放在卧室里的可爱情侣企鹅，自然会
给夫妻带来浓浓浪漫爱意！

情侣企鹅

制作详解

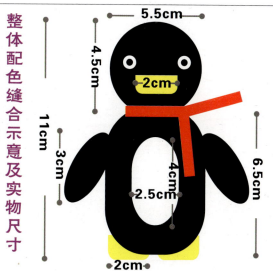

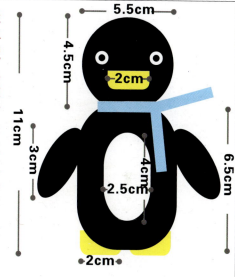

整体配色缝合示意及实物尺寸

5.5cm
4.5cm
11cm
3cm
2cm
4cm
2.5cm
6.5cm
2cm

整体配色缝合示意及实物尺寸

5.5cm
4.5cm
11cm
3cm
2cm
4cm
2.5cm
6.5cm
2cm

【工具】

2.0mm钩针、毛线缝针、专用胶水

【材料】

A：黑色中粗线10g，白色、黄色、红色中粗线各少许，PP棉，直径6cm动物眼睛1对

B：黑色中粗线10g，白色、黄色、蓝色中粗线各少许，PP棉，直径6cm动物眼睛1对

【编织要点】

1. 按各部分编织图编织好各个部分的配件。
2. 缝合顺序：头部和身体填充好PP棉后将留口相对缝合；将嘴巴缝制头部前面正中；将上肢缝制在身体两侧；将脚缝在身体底部前方两侧；将肚皮贴绣在身体前面正中。
3. 装饰部分：用纺织品专用胶水将眼睛粘在头部眼睛相应的位置上，在企鹅的脖子上系上钩制好的围巾。

肚皮编织图(白色)

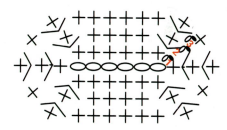

贴绣于身体前方正中

围巾编织图(红色、蓝色各1条)

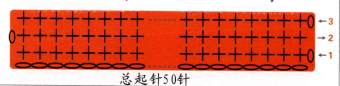

← 3
→ 2
← 1

总起针50针

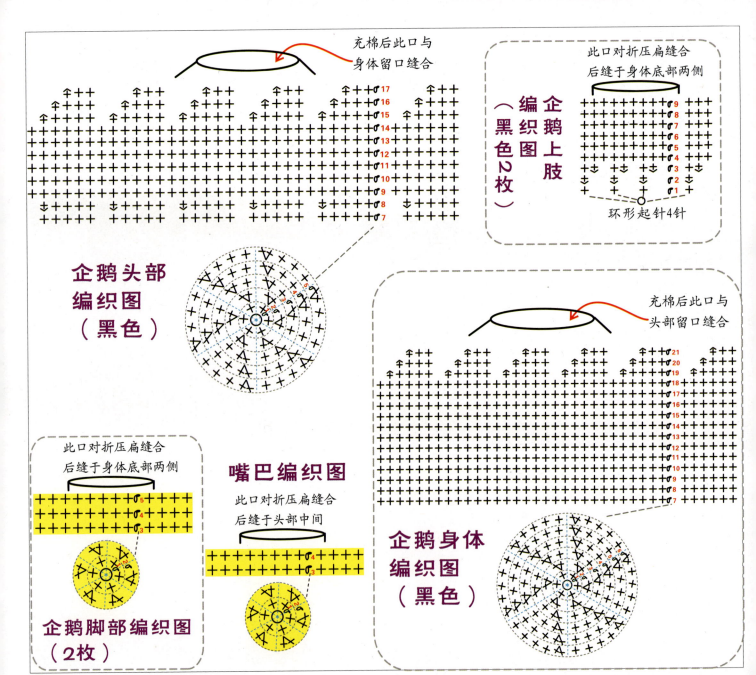

充棉后此口与
身体留口缝合

此口对折压扁缝合
后缝于身体底部两侧

企鹅上肢
编织图
（黑色2枚）

环形起针4针

企鹅头部
编织图
（黑色）

充棉后此口与
头部留口缝合

此口对折压扁缝合
后缝于身体底部两侧

嘴巴编织图

此口对折压扁缝合
后缝于头部中间

企鹅身体
编织图
（黑色）

企鹅脚部编织图
（2枚）

A

B

C

勇敢的猫头鹰

不同色彩的猫头鹰，显得都那么勇敢，不同形状的眼睛或闭或睁，更表现出对生活不懈的追求！

勇敢的猫头鹰

制作详解

【工具】

2.0mm钩针
毛线缝针
手缝针
专用胶水

【材料】

A: 淡蓝色中粗线10g，白色、淡黄色线各少许，白色、橙色、黑色不织布各少许，PP棉

B: 白色中粗线10g，褐色、淡黄色线各少许，淡黄色、橙色、黑色不织布各少许，PP棉

C: 黄色中粗线10g，褐色、淡黄色线各少许，白色、黑色不织布各少许，PP棉

【编织要点】

1. 按各部分编织图分别编织好猫头鹰的各个组成部分：身体、耳朵、翅膀。三只猫头鹰的编织方法是完全相同的，只是它们的颜色各有不同。

2. 缝合顺序：身体内的PP棉是在编织过程中就要填充进去的，然后把耳朵缝在头顶的两侧，翅膀固定在身体左右两侧，注意各个部分的位置要摆放合适自然。

3. 装饰部分：三只猫头鹰的眼睛各有不同，都是用不织布剪出后用胶水粘上的，按照图示逐个完成，还要用线在身体的前方分别绣出眉毛、嘴以及羽毛的纹路。

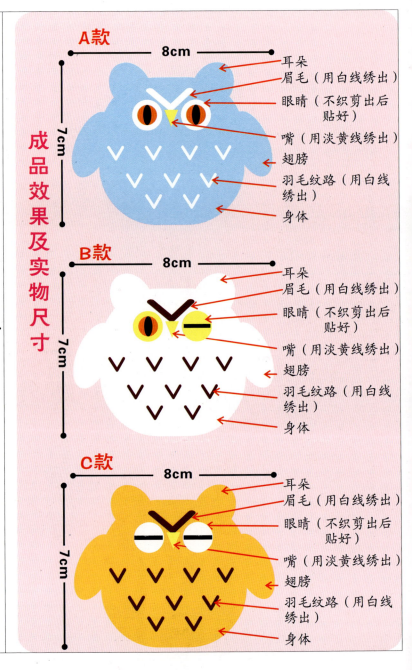

成品效果及实物尺寸

A款　8cm　7cm
耳朵
眉毛（用白线绣出）
眼睛（不织剪出后贴好）
嘴（用淡黄线绣出）
翅膀
羽毛纹路（用白线绣出）
身体

B款　8cm　7cm
耳朵
眉毛（用白线绣出）
眼睛（不织剪出后贴好）
嘴（用淡黄线绣出）
翅膀
羽毛纹路（用白线绣出）
身体

C款　8cm　7cm
耳朵
眉毛（用白线绣出）
眼睛（不织剪出后贴好）
嘴（用淡黄线绣出）
翅膀
羽毛纹路（用白线绣出）
身体

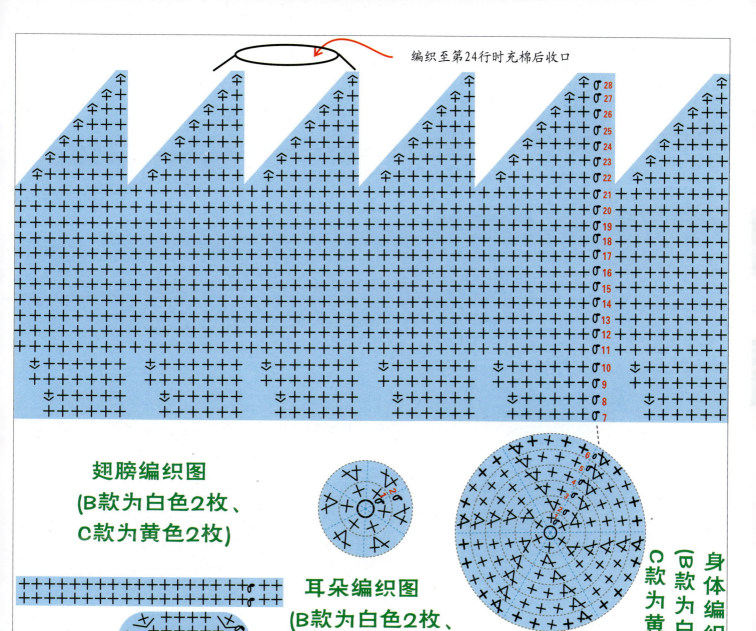

编织至第24行时充棉后收口

28
27
26
25
24
23
22
21
20
19
18
17
16
15
14
13
12
11
10
9
8
7

翅膀编织图
(B款为白色2枚、
C款为黄色2枚)

耳朵编织图
(B款为白色2枚、
C款为黄色2枚)

身体编织图
(B款为白色、
C款为黄色)

可爱小雪人

可爱的小雪人，春天给我们带来新的希望，夏天给我们吹来徐徐凉风，秋天给我们带来收获的喜悦，冬天给我们创造欢乐的氛围！

可爱小雪人
制作详解

【工具】

2.0mm钩针

毛线缝针

手缝针

【材料】

大: 白色、蓝色、橙色、红
色线各少许，PP棉，小
黑珠，纽扣

小: 白色、橙色、红色线少
各许，PP棉，小黑珠，
纽扣

【编织要点】

1. 按各部分编织图分别编织好雪人的各个组成部分。
2. 缝合顺序：头部和身体填充好棉后将留口对正以后缝合；将帽子固定在头上，胡萝卜似的鼻子固定在面部上。
3. 装饰部分：将小黑珠分别固定在两个雪人的面部作眼睛，用红线绣出微笑的嘴，在身体上钉上纽扣。

成品效果及实物尺寸

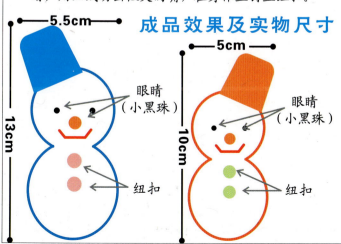

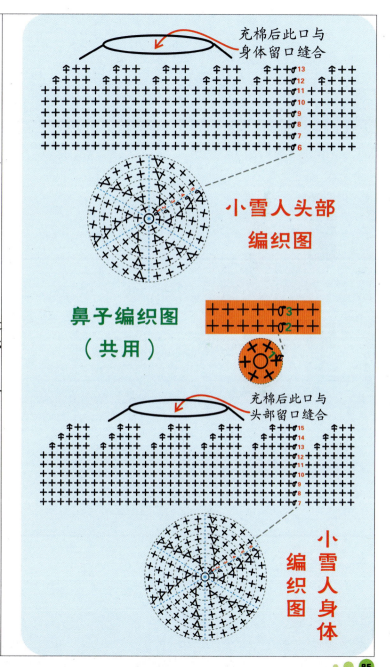

充棉后此口与身体留口缝合

小雪人头部编织图

鼻子编织图（共用）

充棉后此口与头部留口缝合

小雪人身体编织图

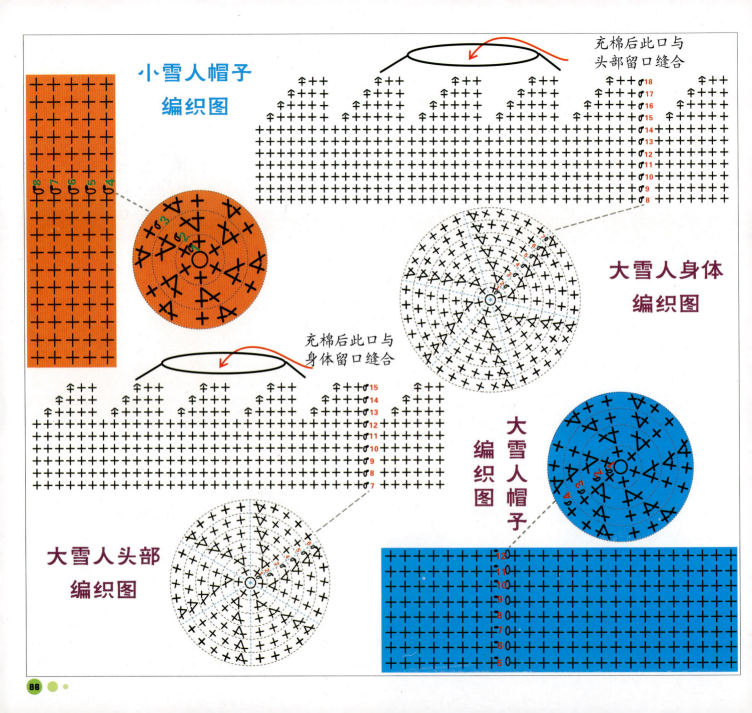

小雪人帽子
编织图

大雪人身体
编织图

大雪人头部
编织图

大雪人帽子
编织图

充棉后此口与
头部留口缝合

充棉后此口与
身体留口缝合

C

B

A

快乐猪小胖

身着不同盛装的小胖们
是那么憨厚可爱，逗人开心！

快乐猪小胖

制作详解

【工具】

2.0mm钩针
毛线缝针
手缝针

【材料】

A：淡黄色中粗线10g，红
　色、黑色、白色线各少
　许，红色纽扣2枚，小
　黑珠2粒，PP棉

B：淡黄色中粗线10g，绿
　色中粗线8g，黑色、白
　色线各少许，黄色纽扣
　2粒，小黑珠2粒，PP棉

C：淡黄色中粗线10g，绿色、白色、橙色、黑色中粗线
　各少许，小黑珠2粒，PP棉

【编织要点】

1. 按各部分编织图分别编织好小猪的各个组成部分，
三只小猪的编织方法完全相同，只是在身体的配色
和装饰上有些小区别，具体可见配色示意图的详细
说明。

2. 缝合顺序：头部和身体填充好PP棉后将留口对正后
缝合；将耳朵缝在头部相应的位置上；手和足填充
棉后缝在身体的相应部位；将白色嘴巴缝在头部正
中下方；小黑珠钉在眼睛的位置。

3. 装饰部分：三只小猪的服饰各有不同，除了身体编
织时的配色不同外，还用纽扣点缀在不同部位作装
饰，可按图解做好细节的处理。

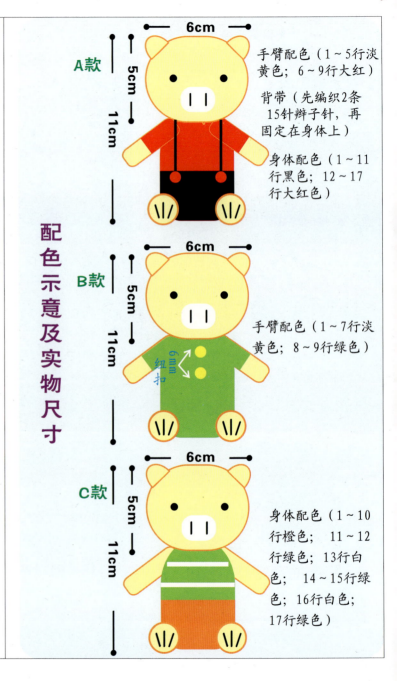

配色示意图及实物尺寸

A款　6cm　5cm　11cm

手臂配色（1～5行淡黄色；6～9行大红）

背带（先编织2条15针辫子针，再固定在身体上）

身体配色（1～11行黑色；12～17行大红色）

B款　6cm　5cm　11cm

6mm纽扣

手臂配色（1～7行淡黄色；8～9行绿色）

C款　6cm　5cm　11cm

身体配色（1～10行橙色；11～12行绿色；13行白色；14～15行绿色；16行白色；17行绿色）

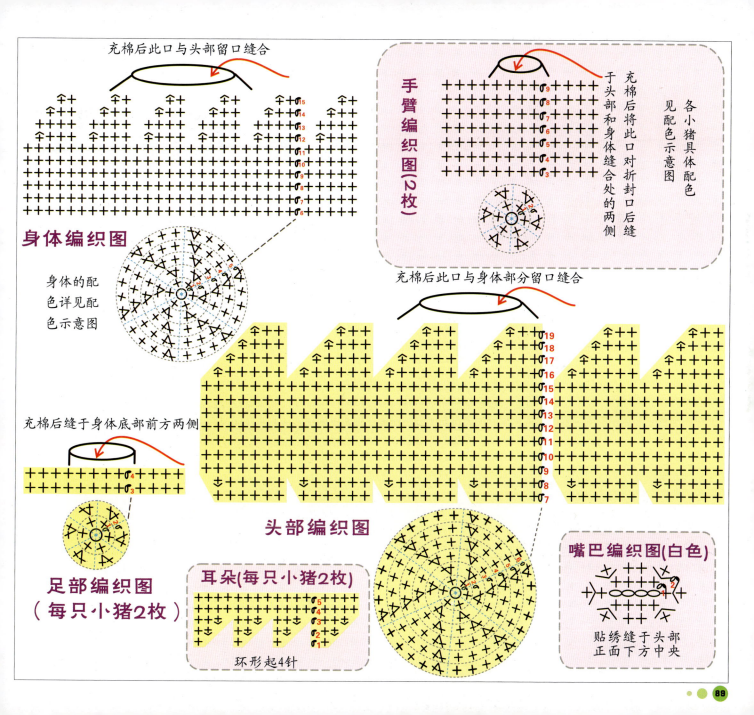

充棉后此口与头部留口缝合

手臂编织图(2枚)

充棉后将此口对折封口后缝于头部和身体缝合处的两侧

各小猪具体配色见配色示意图

身体编织图

身体的配色详见配色示意图

充棉后此口与身体部分留口缝合

充棉后缝于身体底部前方两侧

足部编织图（每只小猪2枚）

头部编织图

耳朵(每只小猪2枚)

环形起4针

嘴巴编织图(白色)

贴绣缝于头部正面下方中央

懒洋洋的小猫

憨睡的小猫，弯弯的大眼紧闭，脸上泛起
红晕，真逗人喜欢！

懒洋洋的小猫

制作详解

成品效果及实物尺寸图

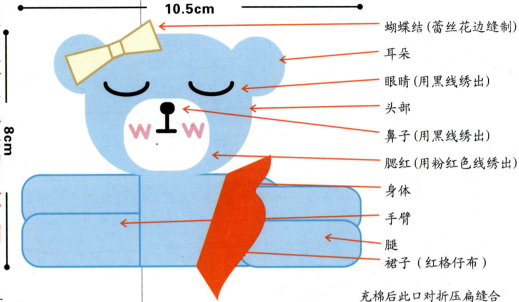

10.5cm

8cm

蝴蝶结（蕾丝花边缝制）
耳朵
眼睛（用黑线绣出）
头部
鼻子（用黑线绣出）
腮红（用粉红色线绣出）
身体
手臂
腿
裙子（红格仔布）

【工具】

2.0mm钩针、毛线缝针、手缝针

【材料】

淡蓝色中粗线15g，白色、黑色、粉红色中粗线各少
许，PP棉，小黑珠2粒，1cm宽蕾丝边1小段，红格仔
布1小块

【编织要点】

1. 按照各部分的编织图分别编织好小猫的各个部分，
   其中包括头部、嘴部、耳朵、腿、身体（由上下两
   部分组成）及裙子。
2. 缝合顺序：头部填充好PP棉后将留口对正后在身体
   中部缝合；将耳朵缝在头部的左右两侧；嘴部缝合
   在面部上，并绣出鼻子和腮红，腿部填充好PP棉后
   缝在身体中间的位置。
3. 装饰部分：用蕾丝做成蝴蝶结钉在左边耳朵处，用
   红色格仔布做成有褶皱的裙子，用手缝针缝在小猫
   腰上。

**耳朵编织图
(2枚)**

充棉后此口对折压扁缝合
后缝于身体底部两侧

充棉后此口对折压扁缝合
后缝于身体底部两侧

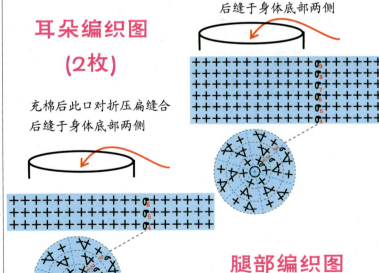

**腿部编织图
(2枚)**

充棉后此口与身体留口缝合

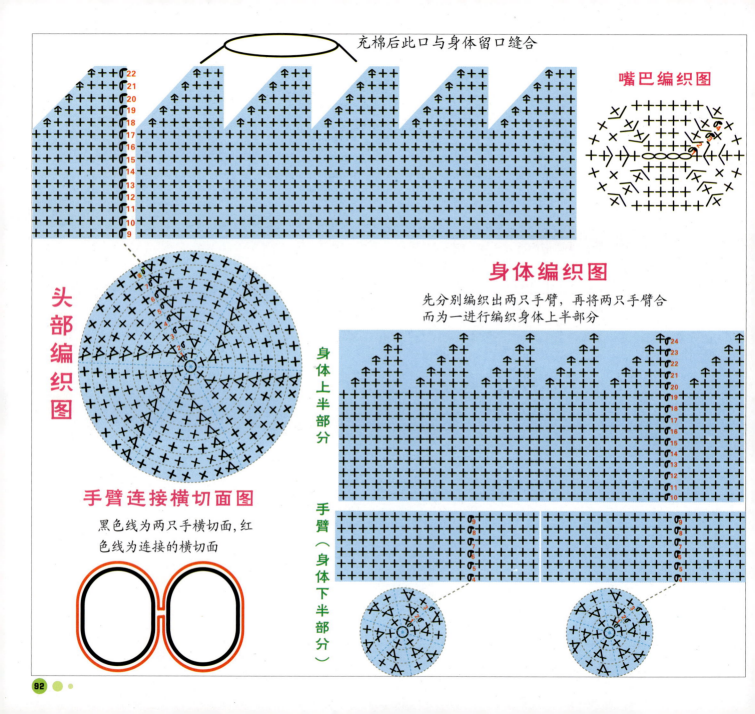

22
21
20
19
18
17
16
15
14
13
12
11
10
9

嘴巴编织图

头部编织图

身体编织图

先分别编织出两只手臂，再将两只手臂合
而为一进行编织身体上半部分

身体上半部分

手臂连接横切面图

黑色线为两只手横切面，红
色线为连接的横切面

手臂（身体下半部分）

24
23
22
21
20
19
18
17
16
15
14
13
12
11
10

9
8
7
6
5
4

9
8
7
6
5
4

机灵的小鹿

每每看到机灵的小鹿，或摆于书房，或摆于卧房，都会激发出自己编织的灵感。

机灵的小鹿

制作详解

【工具】

2.0mm钩针、毛线缝针、手缝针

【材料】

大：玫红色线15g，白色、黑色线各少许，PP棉，小黑珠，格仔带

小：淡黄色线15g，白色、黑色线各少许，PP棉，小黑珠，格仔带

【实物尺寸】

大：高12cm；小：高9cm

【编织要点】

1. 按照各部分的编织图分别编织好鹿的各个部分，其中包括头部、嘴巴、身体、四肢、耳朵及尾巴。

2. 缝合顺序：头部填充好PP棉后将留口对正后在身体部中缝合；将耳朵缝在头部的左右两侧；嘴部缝合在面部上，并绣出鼻子和嘴的轮廓，腿部填充好PP棉后缝在身体下方。

3. 装饰部分：钉上小黑珠作眼睛，用格仔带在脖子上系蝴蝶结作装饰。

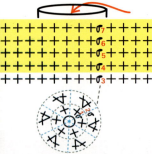

充棉后此口对折压扁缝合后缝于身体底部四方

小鹿四肢编织图(4枚)

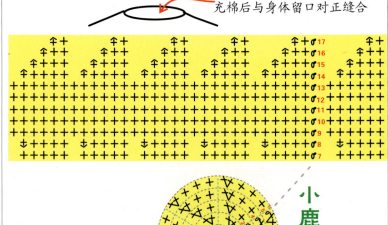

充棉后与身体留口对正缝合

小鹿头部编织图

小鹿身体编织图

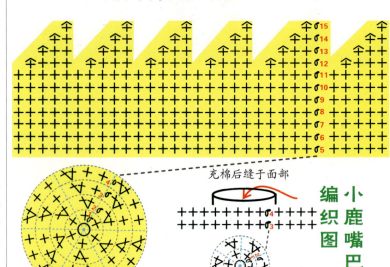

充棉后缝于面部

小鹿嘴巴编织图

94

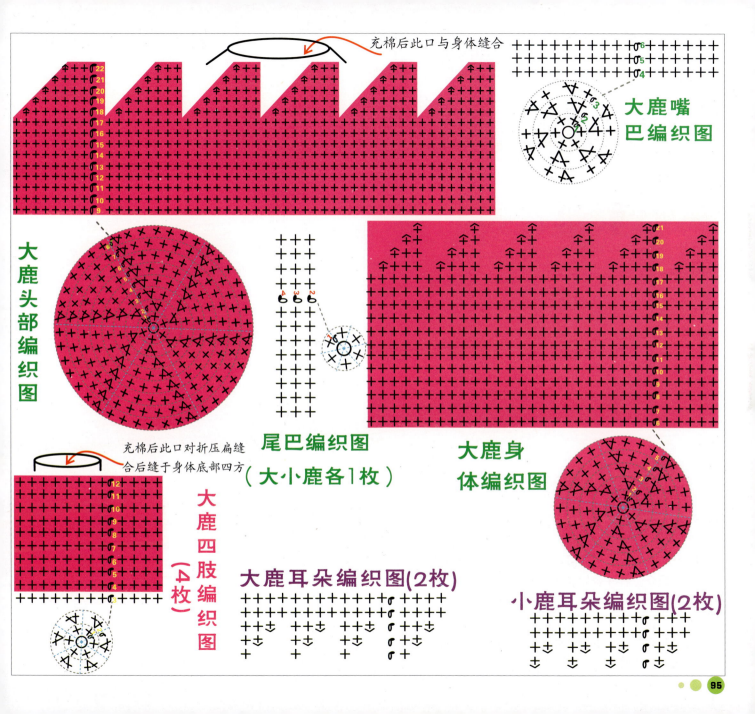

充棉后此口与身体缝合

大鹿嘴巴编织图

大鹿头部编织图

尾巴编织图
（大小鹿各1枚）

大鹿身体编织图

充棉后此口对折压扁缝合后缝于身体底部四方

大鹿四肢编织图（4枚）

大鹿耳朵编织图(2枚)

小鹿耳朵编织图(2枚)

大头狗宝宝

活泼可爱的大头狗宝宝是扮靓您居家环境的很好
选择，同时也能起到调节氛围的功效。

大头狗宝宝

制作详解

【工具】

2.0mm钩针
毛线缝针
手缝针

【材料】

咖啡色中粗线15g，黑色、白色线各少许，小黑珠2粒，PP棉，格仔布1小块

【编织要点】

1. 首先按照各部分的分解编织图分别编织好小狗的各个组成部分，这些组成部分包括咖啡色头、黑色耳朵、白色嘴巴、咖啡色尾巴及四肢。

2. 缝合顺序：头部和身体分别填充好PP棉后进行缝合；将耳朵缝在头部的左右两侧；嘴巴填充好PP棉后缝在头部前方，尾巴缝制在身体的后面，四肢充棉后缝在身体的下方。

3. 装饰部分：小狗的嘴巴上用黑色线绣出嘴巴的轮廓，两粒小黑珠用手缝针钉在面部嘴巴的上方两边。用一小块三角形的格仔布当做围脖围在小狗的脖子上。

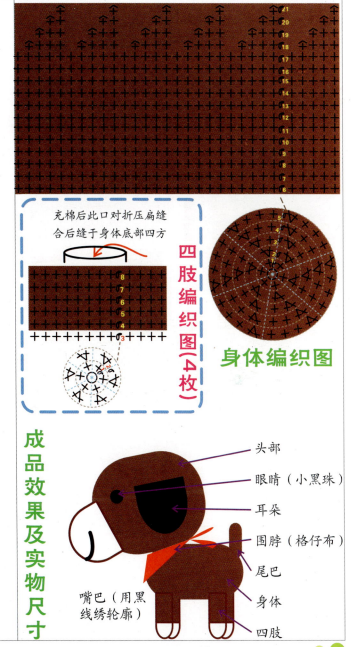

充棉后此口对折压扁缝合后缝于身体底部四方

四肢编织图(4枚)

身体编织图

成品效果及实物尺寸

头部

眼睛（小黑珠）

耳朵

围脖（格仔布）

尾巴

身体

四肢

嘴巴（用黑线绣轮廓）

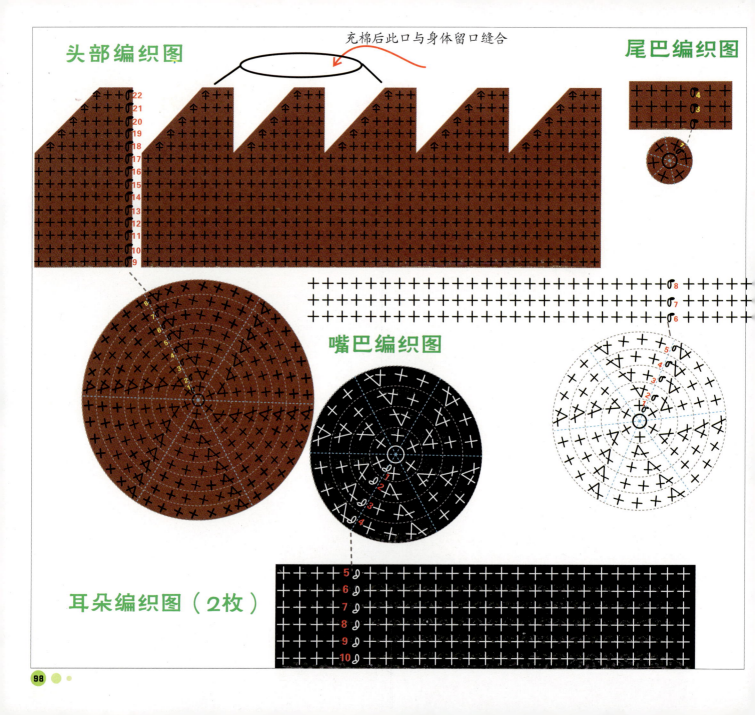

头部编织图

尾巴编织图

充棉后此口与身体留口缝合

嘴巴编织图

耳朵编织图（2枚）

A

B

可爱的小白蛇姐妹

动人的传说，
美好的回忆！

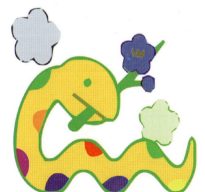

We are sisters

可爱的小口蛇姐妹

制作详解

【工具】

2.0mm钩针

毛线缝针

手缝针

【材料】

A：玫红色、粉红色、大红色、白色线各少许，小黑珠2粒，PP棉，缎带花2朵

B：草绿色、淡绿色、大红色、白色线各许少，小黑珠2粒，PP棉，缎带花2朵

【编织要点】

1. 首先按照各部分的分解编织图分别编织好蛇姐妹的各个组成部分，这些组成部分包括身体、尾巴及帽子，身体在编织过程中就将PP棉填充进去。

2. 缝合顺序：在尾巴里面填充少量的PP棉后将留口对折压扁后固定在身体的底下，将帽子固定在头部的左侧方。

3. 装饰部分：将两粒小黑珠钉在蛇姐妹面部眼睛的位置，用大红色的线在眼睛下方的正中间绣出V字形的嘴巴，用专用胶水将两朵缎带花粘在帽子的前方。

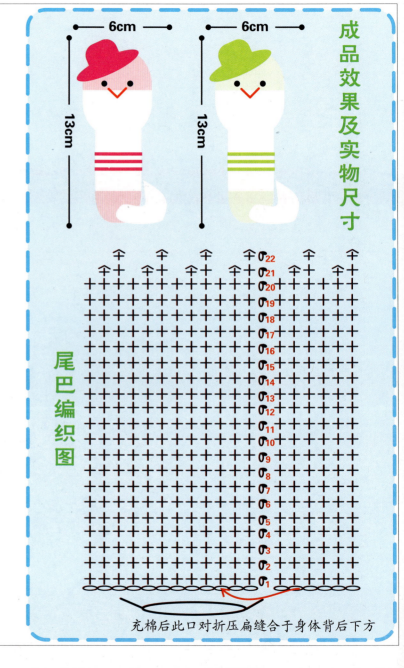

成品效果及实物尺寸

尾巴编织图

充棉后此口对折压扁缝合于身体背后下方

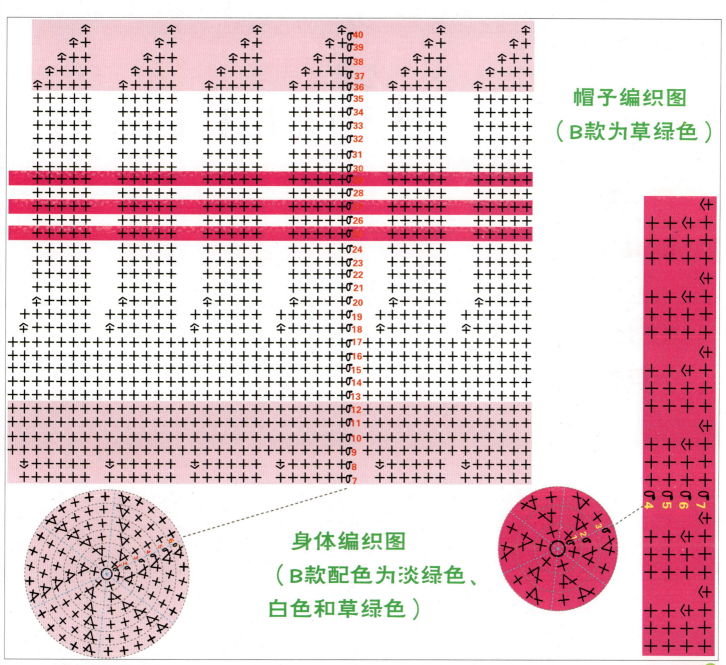

帽子编织图
（B款为草绿色）

身体编织图
（B款配色为淡绿色、
白色和草绿色）

发挥篇

在钩针玩偶的世界里，你会发现很多奇妙的乐趣，它会成为你生活中不可缺少的一部分，为单调的生活添上色彩。慢慢地，它们会带给你很多生活中的灵感，看似普通的玩偶将会包含很多人生的智慧。

快乐的小男生

大大的头,
修长的腿,
笑容可掬,
惹人喜爱!

快乐的小男生

制作详解

【材料】

浅灰色中粗线15g,
黑色、咖啡色、大
红色、草绿色中粗
线各少许,PP棉

【编织要点】

1. 按各部分编织图分别编织好小男生的各个组成部分，其中包括头、下肢和身体(身体是从两条腿合并进行环形编织的基础上向上编织的)、手臂、耳朵，编织完以后分别填充好PP棉。

2. 缝合顺序：头部和身体填充好PP棉后将留口对正后缝合；将耳朵缝在头部的左右两侧；手臂填充好PP棉后缝在身体与头部连接位置的左右两侧。

3. 装饰部分：头发是用黑色中粗线制作的。剪数段4~5cm长的黑色中粗线，用钩针引其导穿过头部顶端中央的位置进行固定；眼睛和嘴巴都是用中粗线在面部进行绣制的，眼睛用黑色，嘴巴用红色。

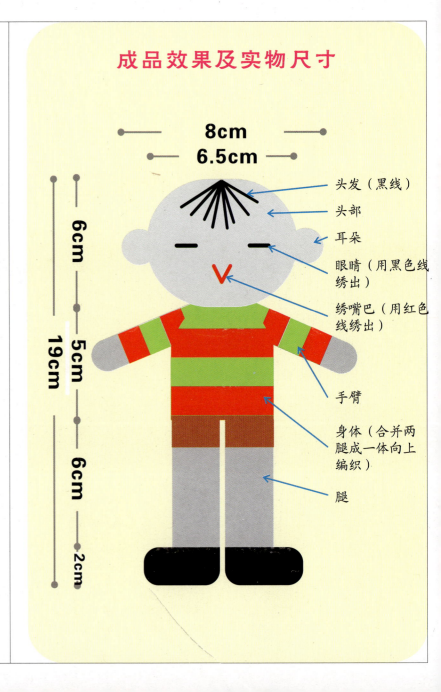

成品效果及实物尺寸

8cm
6.5cm
6cm
5cm
19cm
6cm
2cm

头发（黑线）
头部
耳朵
眼睛（用黑色线绣出）
绣嘴巴（用红色线绣出）
手臂
身体（合并两腿成一体向上编织）
腿

腿部连接
横切面图

黑色线为两条腿
横切面，红色线
为连接的横切面

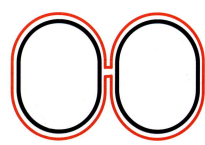

腿部编织图

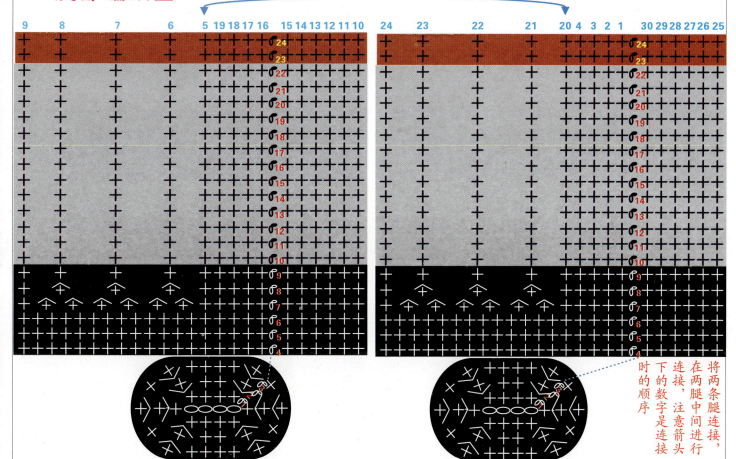

将两条腿连接，
在两腿中间进行
连接，注意箭头
下的数字是连接
时的顺序

充棉后此口对折压扁缝合
后缝于身体底部两侧

充棉后此口与
身体留口缝合

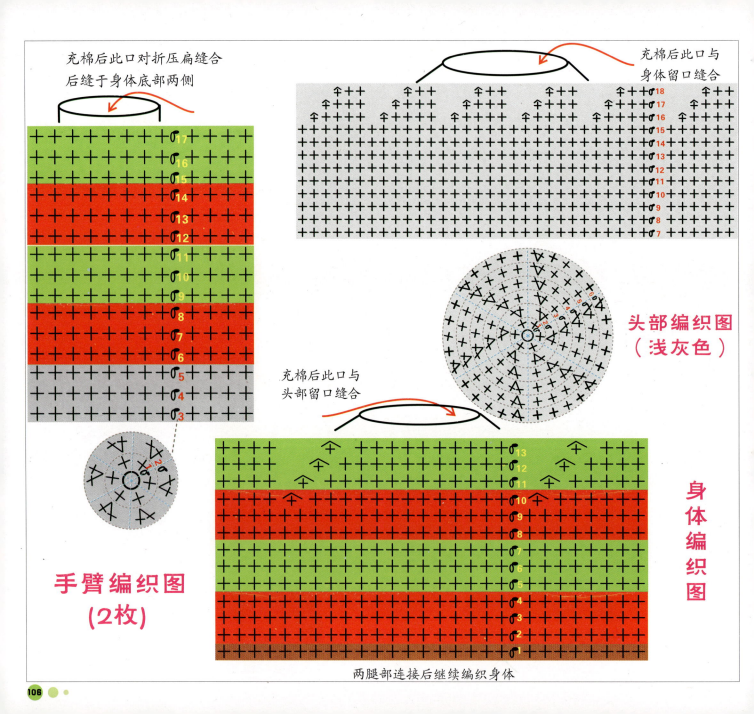

头部编织图
（浅灰色）

充棉后此口与
头部留口缝合

身体编织图

手臂编织图
(2枚)

两腿部连接后继续编织身体

巧妙地用纽扣做青蛙的耳朵，同时在脸部做朵红晕，使活泼的青蛙更加可爱！

活泼可爱的青蛙

活泼可爱的青蛙

制作详解

配色示意及实物尺寸

6cm

7.5cm

3.5cm

17cm

5cm

足部编织图

充棉后此口缝于身体下方两侧

【工具】

2.0mm钩针、毛线缝针、手缝针

【材料】

草绿色中粗线20g，白色、黑色、粉色、橙色中粗线各少许，PP棉，黑色纽扣2粒

【编织要点】

1. 按各部分编织图分别编织好身体的各个部分，其中包括头部、眼睛、脸蛋、身体、手、足部。

2. 缝合顺序：头部和身体填充好PP棉后将留口对正

后进行缝合；头部顶上的左右两侧是眼睛，充棉后缝合；粉红色脸蛋缝在头部正面左右两边，具体位置可以参见配色示意图；两只手缝合在身体与头部缝合处的左右两侧，缝合时需要把留口对折缝合后再缝上去；足部留口的处理与手部是相同的，只是缝合在身体下方的两侧。

3. 装饰部分：这款需要处理的最后的装饰部分就是嘴巴，用大红色的中粗线在两个粉红色脸蛋之间的位置绣上一个弧形线段，就像是一个始终微笑的嘴巴。

完成所有的制作步骤以后，一个快乐可爱的青蛙就跃然眼前，有心的朋友还可以根据这款制作方法变换出各式的酷蛙蛙哦！

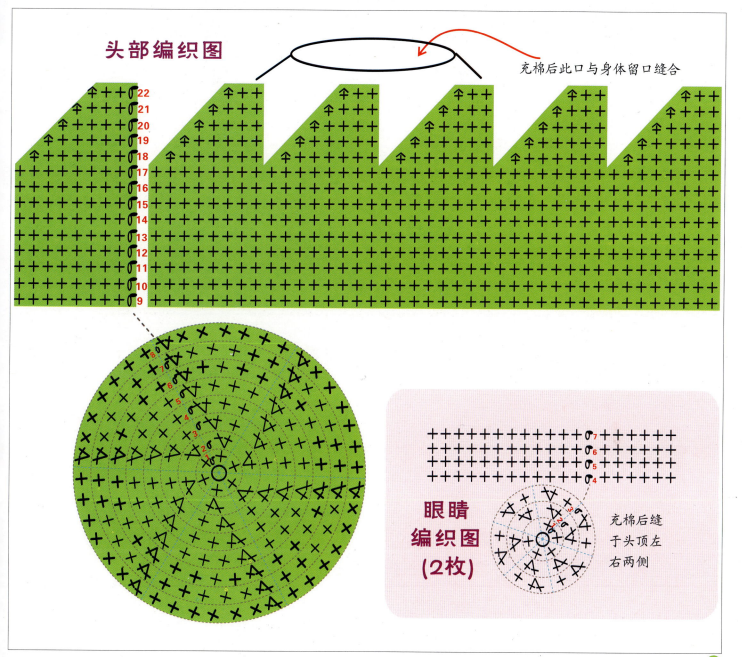

头部编织图

充棉后此口与身体留口缝合

眼睛
编织图
(2枚)

充棉后缝
于头顶左
右两侧

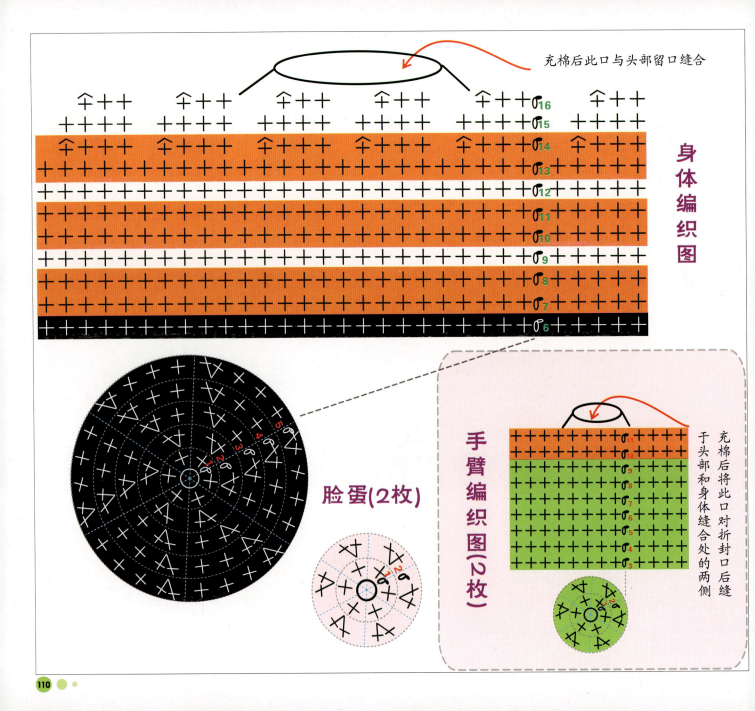

充棉后此口与头部留口缝合

身体编织图

脸蛋(2枚)

手臂编织图(2枚)

充棉后将此口对折封口后缝
于头部和身体缝合处的两侧

淘气狗嘟嘟

身着蓝色背心的嘟嘟多么神气，淘气的它，总会在我烦恼时让我开心一笑。

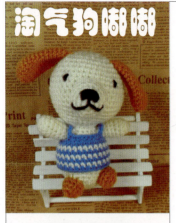

淘气狗嘟嘟

制作详解

成品效果及实物尺寸

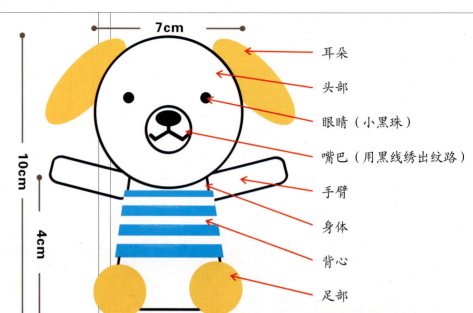

7cm

10cm

4cm

耳朵
头部
眼睛（小黑珠）
嘴巴（用黑线绣出纹路）
手臂
身体
背心
足部

【工具】

2.0mm钩针、毛线缝针、手缝针

【材料】

白色中粗线15g，姜黄色、蓝色、黑色中粗线各少许，小黑珠2粒，PP棉

【编织要点】

1. 按各部分编织图分别编织好嘟嘟的各个组成部分，包括头部、身体、鼻子、手臂、足部、耳朵。

2. 缝合顺序：头部和身体填充好PP棉后将留口对正后缝合；将耳朵缝在头部相应的位置上；手和足填充PP棉后缝在身体的相应部位；将白色鼻子缝在头部正中下方，并用黑线绣出鼻子和嘴巴的纹路，另外还要绣出黑色的眼睛。

3. 嘟嘟的背心是蓝白两色的，是单独钩好以后再给狗狗穿上的。

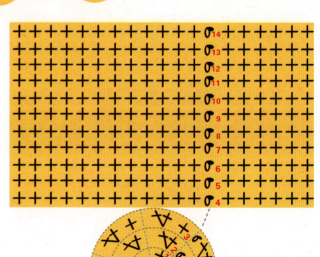

耳朵编织图
(2枚)

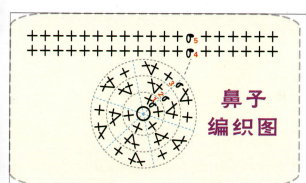

鼻子编织图

头部编织图

充棉后此口与身体部分留口缝合

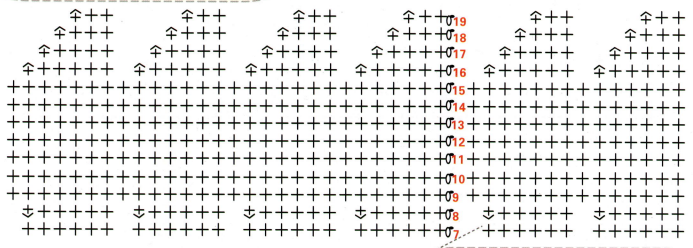

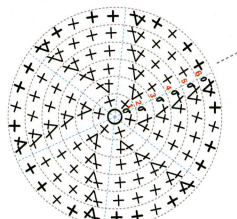

充棉后缝于身体底部前方两侧

足部编织图

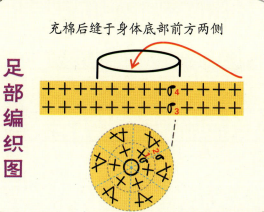

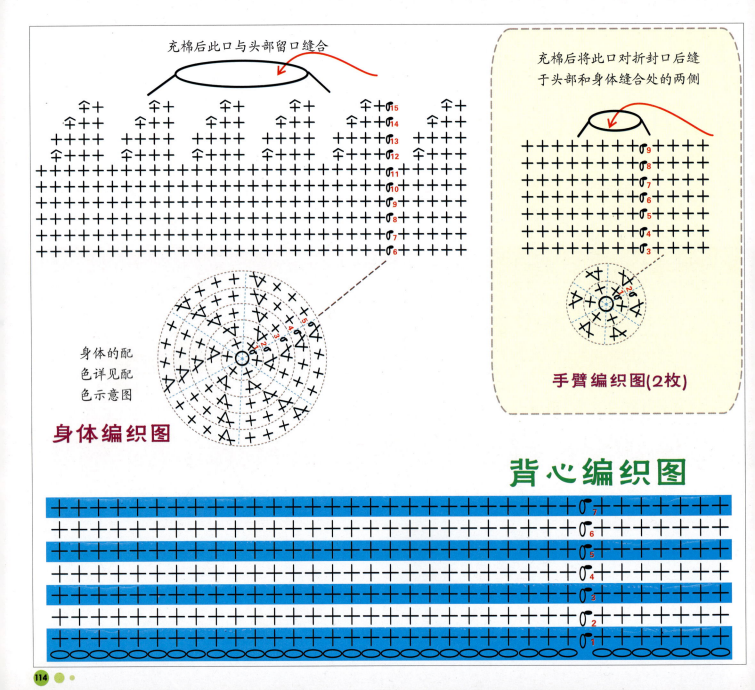

充棉后此口与头部留口缝合

充棉后将此口对折封口后缝
于头部和身体缝合处的两侧

手臂编织图(2枚)

身体的配
色详见配
色示意图

身体编织图

背心编织图

穿裙子的猴小姐

猴小姐每次出门
总要精心打扮一番,
今天穿上新的超短裙
超级可爱。

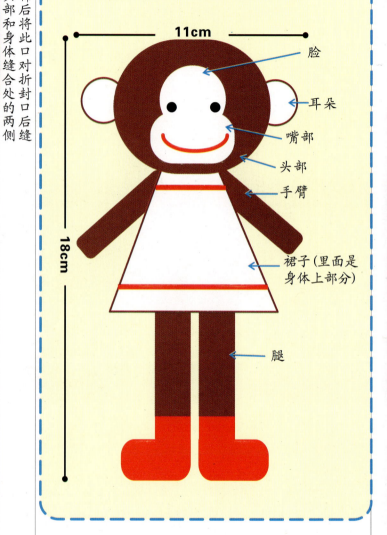

穿裙子的猴小姐

制作详解

充棉后将此口对折封口后缝于头部和身体缝合处的两侧

成品效果及实物尺寸

11cm

18cm

脸

耳朵

嘴部

头部

手臂

裙子(里面是身体上部分)

腿

【工具】

2.0mm钩针、毛线缝针、手缝针

【材料】

咖啡色中粗线15g、白色、大红色中粗线各少许，PP棉，小黑珠2粒

【编织要点】

1. 按照各部分的编织图分别编织好小猴的各个部分，其中包括头部、脸部、嘴部、耳朵、手臂、身体（由上下两部分组成）及裙子。

2. 缝合顺序：头部和身体填充好PP棉后将留口对正后缝合；将耳朵缝在头部的左右两侧；脸部和嘴部缝在合面部上，手臂填充好PP棉后缝在身体与头部连接位置的左右两侧；最后将钩好的裙子用辫子针的吊带固定在身体上。

3. 装饰部分：用红色线在嘴部的织片上缝出嘴巴的轮

廓；用手缝针将小黑珠固定在脸部和嘴部相接的位置上，成为小猴灵动的眼睛；裙子的上下两端用红色线绣出波浪的花纹。

两腿部连接后继续编织身体，即为右图

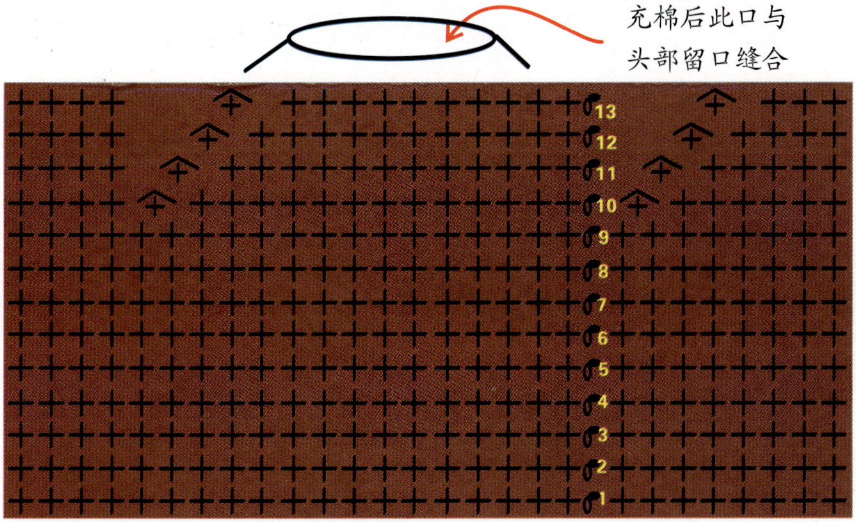

充棉后此口与
头部留口缝合

**耳朵编织图
(2枚)**

**身体编织图
（身体上部分）**

13
12
11
10
9
8
7
6
5
4
3
2
1

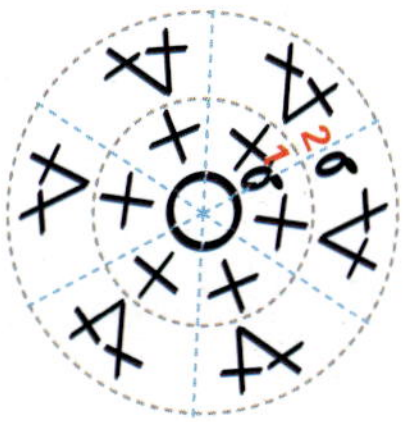

**腿部编织图
(身体下部分)**

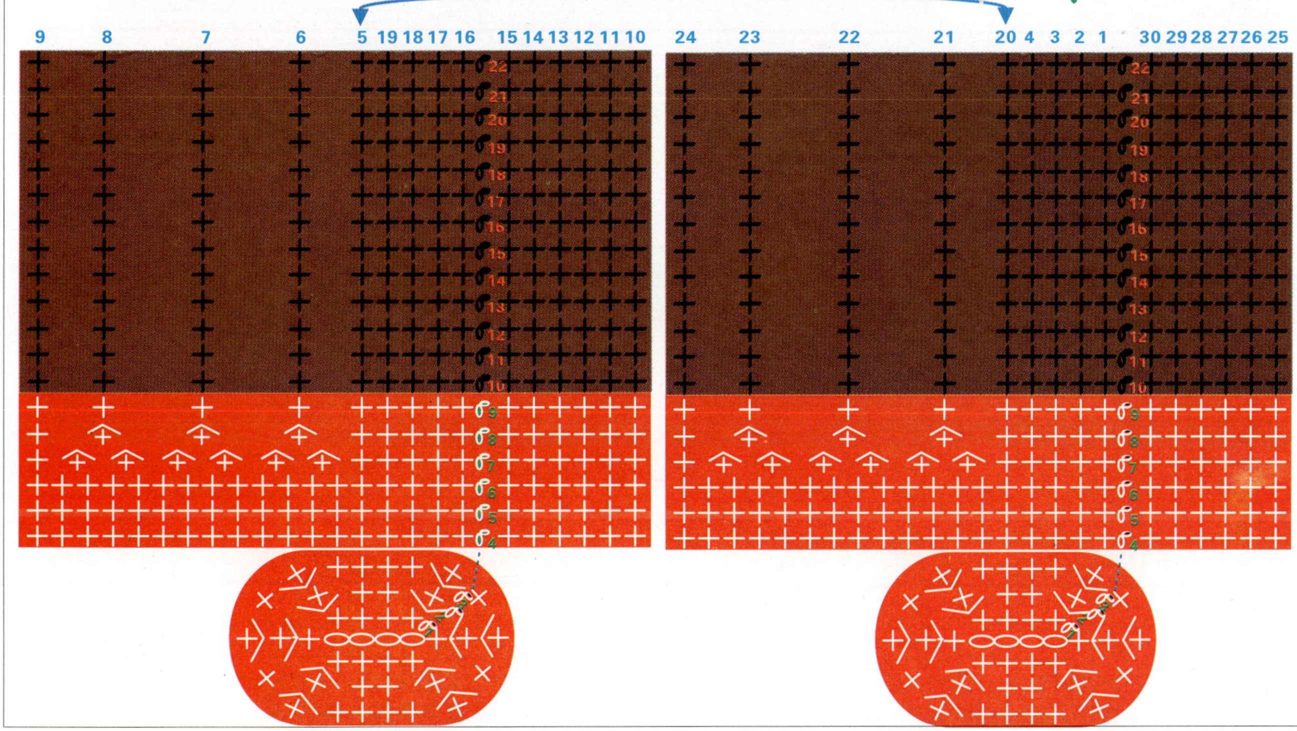

将两条腿连接，在两腿中间进行连接，注意箭头下的数字是连接时的顺序

9　8　7　6　5 19 18 17 16 15 14 13 12 11 10

24　23　22　21　20 4 3 2 1 30 29 28 27 26 25

22
21
20
19
18
17
16
15
14
13
12
11
10
9
8
7
6
5
4

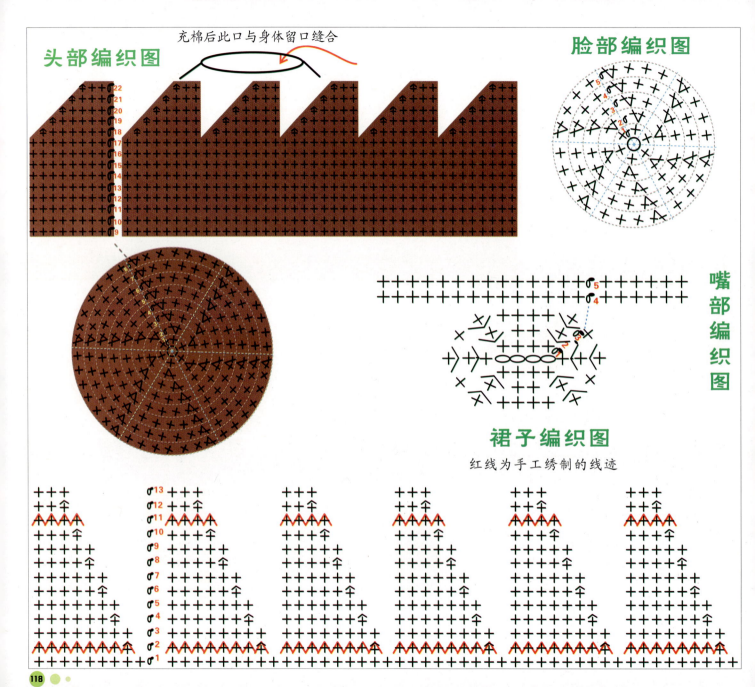

头部编织图

充棉后此口与身体留口缝合

脸部编织图

嘴部编织图

裙子编织图

红线为手工绣制的线迹

有梦想的熊猫妹妹

　　漂亮的熊猫妹妹，梦想着自由自在的生活：像漂亮的蝴蝶姐姐那样在花丛中翩翩起舞；像自由的鸟儿那样在蓝天上快乐地翱翔……

有梦想的熊猫妹妹

制作详解

【工具】

2.0mm钩针、毛线缝针、
手缝针

【材料】

白色、黑色中粗线各10g,
橙色、淡紫色、草绿色、
褐色中粗线各少许, 黑色
纽扣2粒, 紫色亮片数片,
PP棉

【编织要点】

1. 按各部分编织图分别编织好熊猫的各个组成部分。
2. 缝合顺序: 头部和身体填充PP好棉后将留口对正后缝合; 将耳朵缝在头部的左右两侧; 嘴巴充棉后缝于面部; 手臂填充好PP棉后缝在身体与头部连接位置的左右两侧; 蝴蝶结缝于左耳边。
3. 装饰部分: 蝴蝶结和裙子钉上亮片作装饰, 纽扣钉在白眼仁中, 用褐色线在嘴巴上绣出纹路。

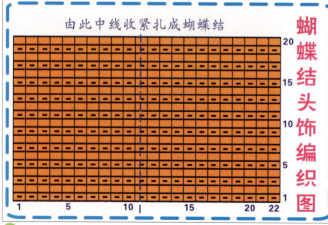

由此中线收紧扎成蝴蝶结

蝴蝶结头饰编织图

成品效果及实物尺寸

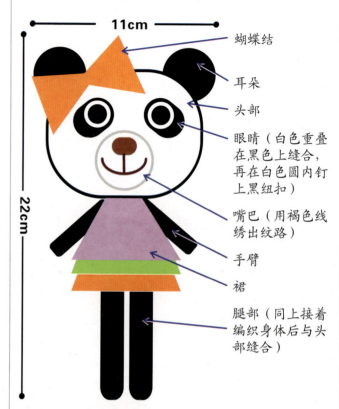

11cm

22cm

蝴蝶结

耳朵

头部

眼睛（白色重叠在黑色上缝合, 再在白色圆内钉上黑纽扣）

嘴巴（用褐色线绣出纹路）

手臂

裙

腿部（同上接着编织身体后与头部缝合）

裙子编织图

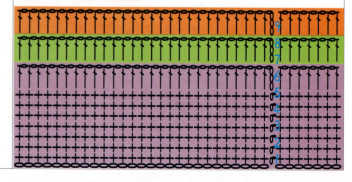

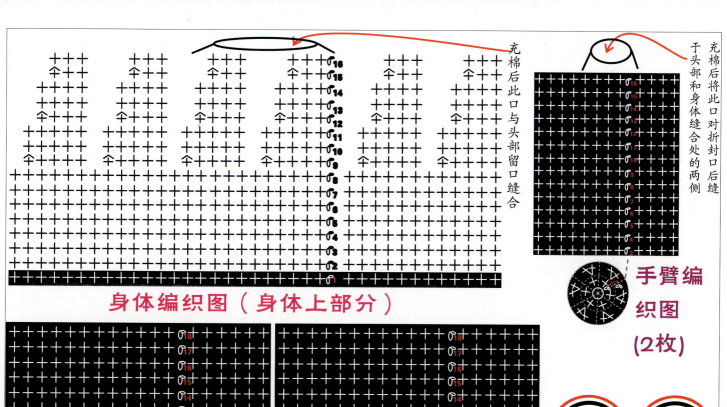

充棉后将此口对折封口后缝于头部和身体缝合处的两侧

充棉后此口与头部留口缝合

身体编织图（身体上部分）

手臂编织图(2枚)

腿部编织图（身体下部分）

黑色线为两条腿横切面，红色线为连接的横切面，依红线顺序连接编织身体上部分

腿部连接横切面图

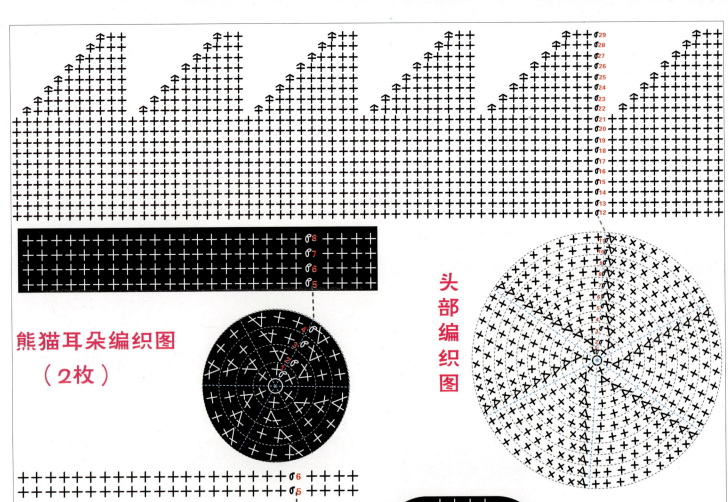

熊猫耳朵编织图
（2枚）

头部编织图

熊猫嘴巴编织图
（用褐色线绣鼻头
和轮廓）

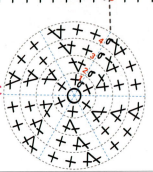

眼睛黑色部分
（2枚）

眼睛白色部分

简单的色彩搭配让小兔兔更显精神、漂亮、机灵!

爱吃胡萝卜的兔兔

制作详解

【工具】

2.0mm钩针
毛线缝针
手缝针

【材料】

淡黄色中粗线20g，草绿色、白色、黑色、橙色、咖啡色中粗线各少许，10mm黑色纽扣2粒，PP棉

【编织要点】

1. 首先按照各部分的分解编织图分别编织好兔兔的各个组成部分，这些组成部分包括头部、身体、耳朵、嘴巴、手臂、腿部以及胡萝卜。

2. 缝合顺序：首先是头部和身体，这两部分分别填充好PP棉后将留口对正缝合，耳朵压扁，下方两边向里折后固定在头顶，嘴巴缝在面部前下方，手臂充棉后缝在身体与头部交接处的两侧，腿部充棉后缝合在身体下方的两侧，胡萝卜固定在两手的中间。

3. 装饰部分：将两粒黑色纽扣钉在兔兔面部上眼睛的位置，用咖啡色线在嘴巴上绣出鼻头和嘴唇的轮廓。

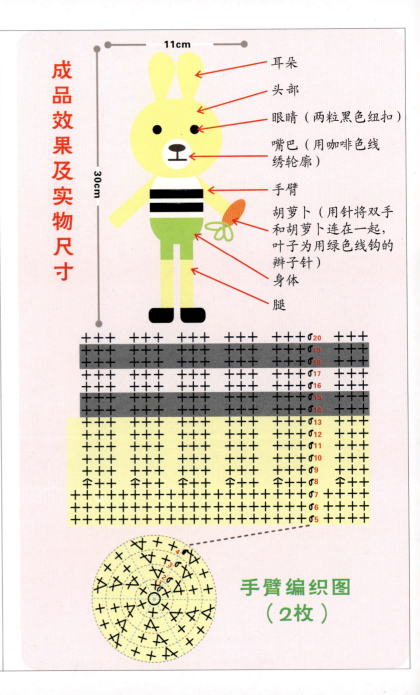

11cm

30cm

耳朵
头部
眼睛（两粒黑色纽扣）
嘴巴（用咖啡色线绣轮廓）
手臂
胡萝卜（用针将双手和胡萝卜连在一起，叶子为用绿色线钩的辫子针）
身体
腿

成品效果及实物尺寸

手臂编织图
（2枚）

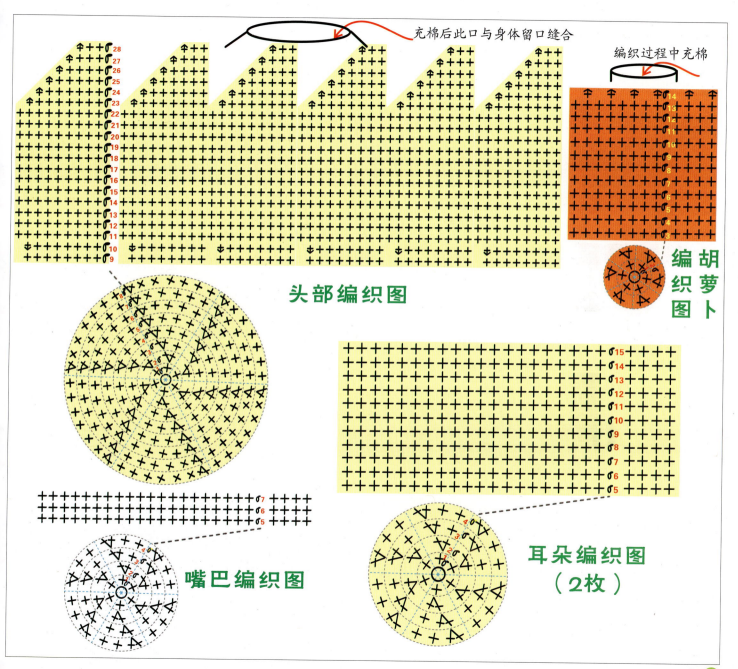

充棉后此口与身体留口缝合

编织过程中充棉

头部编织图

编织图 胡萝卜

嘴巴编织图

耳朵编织图
（2枚）

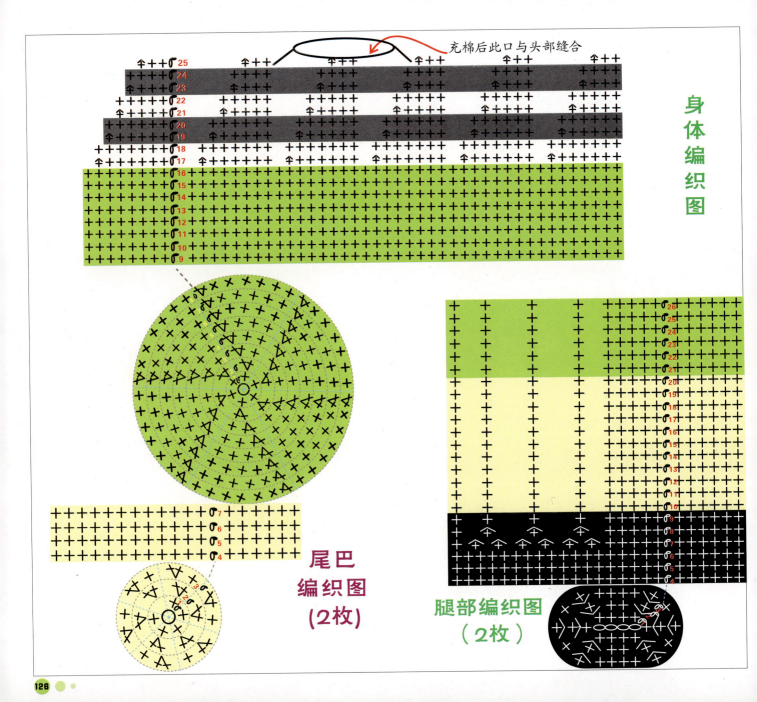

充棉后此口与头部缝合

身体编织图

尾巴
编织图
(2枚)

腿部编织图
(2枚)

苏格兰兔宝贝

可爱的白色小兔子，身穿苏格兰色彩浓郁的民族服饰，婉约娇媚的表情，真让人爱不释手啊！

苏格兰兔宝宝

制作详解

【工具】

2.0mm钩针
毛线缝针
手缝针

【材料】

白色中粗线25g，蓝色中粗线10g，大红色、粉红色、黄色、咖啡色中粗线各少许，PP棉

【编织要点】

1. 首先按照各部分的分解编织图分别编织好兔兔的各个组成部分，这些组成部分包括头部、耳朵、手臂、腿部身体、裙子以及帽子。

2. 缝合顺序：首先是头部和身体，这两部分分别填充好PP棉后将留口对正缝合，耳朵充棉后固定在头顶，手臂充棉后缝在身体与头部交接处的两侧，帽子编织好后戴在头上，让耳朵从帽子的留口中穿出去，裙子穿好后，把后面的开口固定。

3. 装饰部分：用咖啡色线绣出兔兔的眼睛和鼻头，用粉红色线绣出兔兔的腮红。裙子下摆的黄色花边是用钩针边钩辫子针边固定在裙边上，大红红的花是用毛线缝针绣在花边的两边。

成品效果及实物尺寸

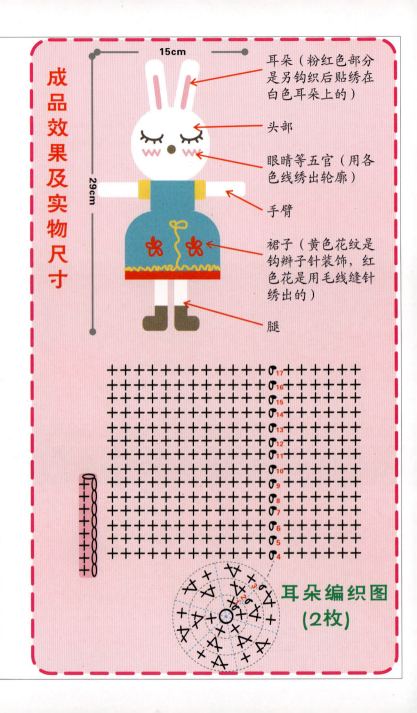

耳朵（粉红色部分是另钩织后贴绣在白色耳朵上的）

头部

眼睛等五官（用各色线绣出轮廓）

手臂

裙子（黄色花纹是钩辫子针装饰，红色花是用毛线缝针绣出的）

腿

耳朵编织图
(2枚)

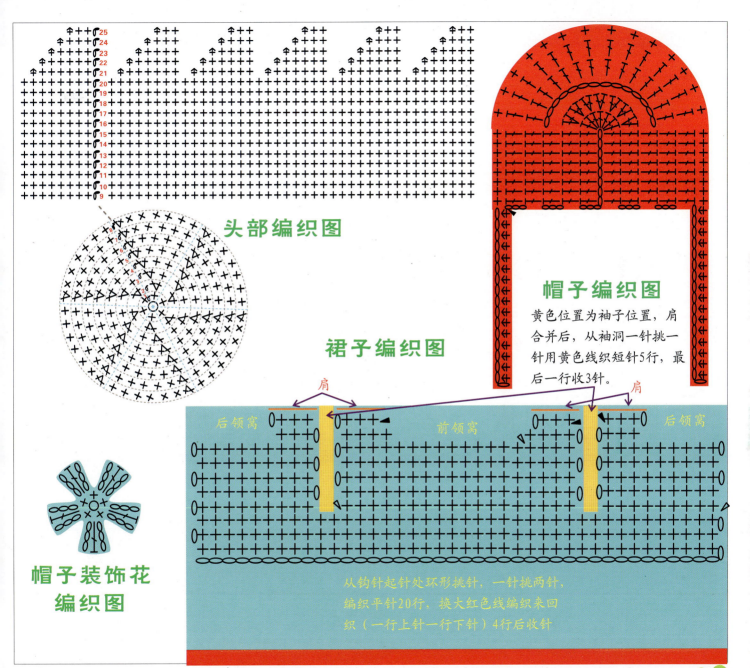

头部编织图

帽子编织图

黄色位置为袖子位置，肩合并后，从袖洞一针挑一针用黄色线织短针5行，最后一行收3针。

裙子编织图

肩　肩

后领窝　前领窝　后领窝

帽子装饰花
编织图

从钩针起针处环形挑针，一针挑两针，编织平针20行，换大红色线编织来回织（一行上针一行下针）4行后收针

129

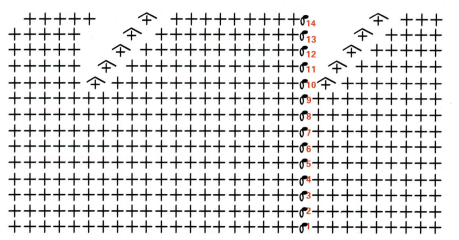

身体编织图

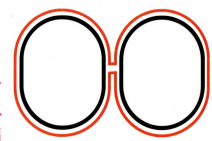

黑色线为两条腿的横切面，红色线为连接的横切面

腿部连接横切面图

充棉后此口对折压扁缝合后缝于身体底部两侧

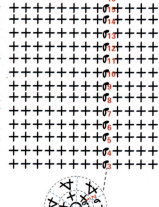

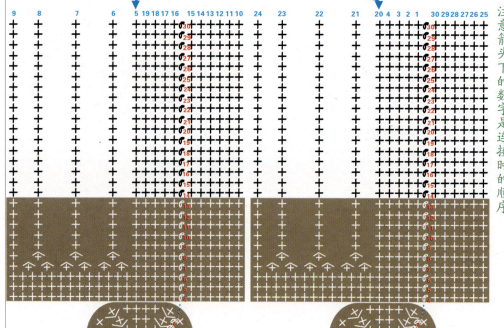

将两条腿连接，在两腿中间进行连接，注意箭头下的数字是连接时的顺序

腿部编织图

手臂编织图
(2枚)

穿着工装裤，系着鲜艳围巾的小熊，特别的可爱，闲暇之余可以给他换换新装哦！

爱换装的熊尼尼

爱换装的熊尼尼
制作详解

2.0mm钩针
毛线缝针
手缝针

【材料】

咖啡色中粗线30g，灰色中粗线10g，白色、黑色、橙色中粗线各少许，直径10mm黑色纽扣2粒，直径8mm黑色纽扣2粒，PP棉

【编织要点】

1. 首先按照各部分的分解编织图分别编织好小熊的各个组成部分，这些组成部分包括头部、身体、耳朵、嘴巴、手臂，还有背带裤和围巾。

2. 缝合顺序：头部和身体分别填充好PP棉后将留口对正进行缝合，然后将耳朵和嘴巴按位置固定在头部，手臂填充好PP棉后将留口对折压扁缝于身体两侧。围巾系在脖子上，且穿上裤子。

3. 装饰部分：将两粒10mm的黑色纽扣钉在眼睛的位置，用黑色线在白色的部分绣出鼻子和嘴巴的轮廓，两粒8mm的黑色纽扣作为背带裤的扣子。

成品效果及实物尺寸

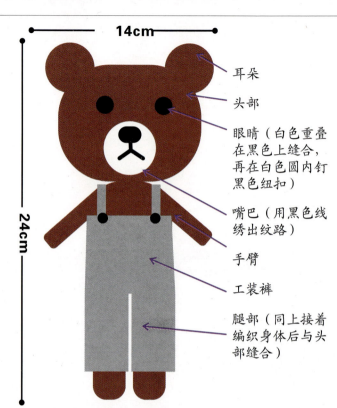

14cm

24cm

耳朵

头部

眼睛（白色重叠在黑色上缝合，再在白色圆内钉黑色纽扣）

嘴巴（用黑色线绣出纹路）

手臂

工装裤

腿部（同上接着编织身体后与头部缝合）

背带裤编织图

分别起25针编织平针，向上编织22行后将两块合并后进行筒状编织，继续编织14行平针后，换花样为单罗纹针（一上一下）编织8行，然后收针。

25针　25针

背带编织图（2根）

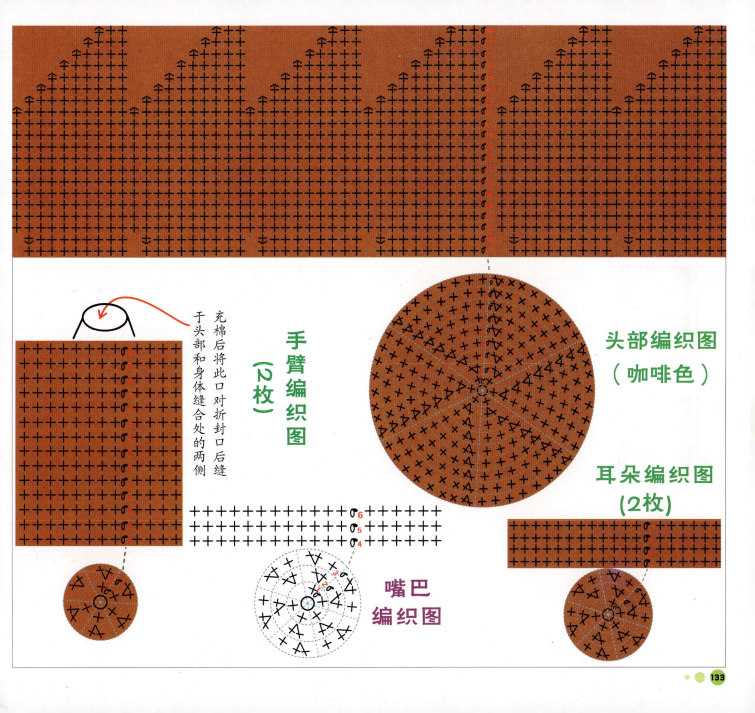

手臂编织图
（12枚）

充棉后将此口对折封口后缝
于头部和身体缝合处的两侧

头部编织图
（咖啡色）

耳朵编织图
(2枚)

嘴巴
编织图

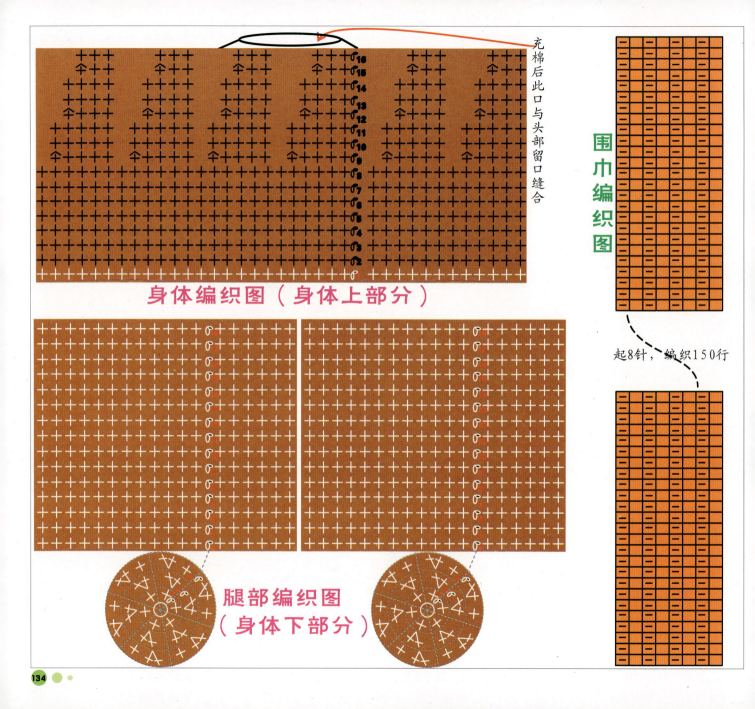

充棉后此口与头部留口缝合

身体编织图（身体上部分）

围巾编织图

起8针，编织150行

腿部编织图
（身体下部分）

幸福的新郎新娘

有了它们，时时会勾起
美好的回忆，浓浓的幸福感
油然而生！

你深深地注视着我
深深地
今天的我是那样的美丽出尘
我知道
从这一刻起——
我便将永远地沐浴在你
温柔而深情的目光下
　　　　永远
　　　　　　永远！

幸福的新郎新娘

制作详解

【工具】

2.0mm钩针

毛线缝针

手缝针

【实物尺寸】

高25cm

【材料】

新郎：淡黄色线30g，黑色线20g，白色、大红色线各少许，PP棉，黑色纽扣2粒

新娘：淡粉色线30g，白色线20g，黑色线各少许，PP棉，黑色纽扣2粒，红色缎带花数朵

【编织要点】

按图编织出各部分配件，然后逐步缝合，并配上饰物，穿上搭配的服装，绣出面部五官的轮廓，新郎钉上红色领结，新娘戴上头纱，在头纱和裙子上面点缀上红色玫瑰。

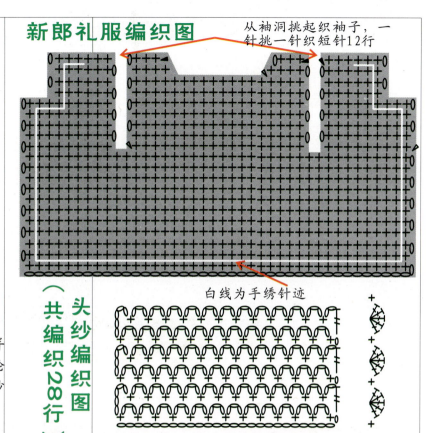

新郎礼服编织图

从袖洞挑起织袖子，一针挑一针织短针12行

（头纱编织图 共编织28行）

白线为手绣针迹

新娘裙子编织图

新娘袖子编织图（连于裙子左右两侧）（2枚）

从钩针起针处挑起，一针挑两针，织平针29行，再织花边

花边花样

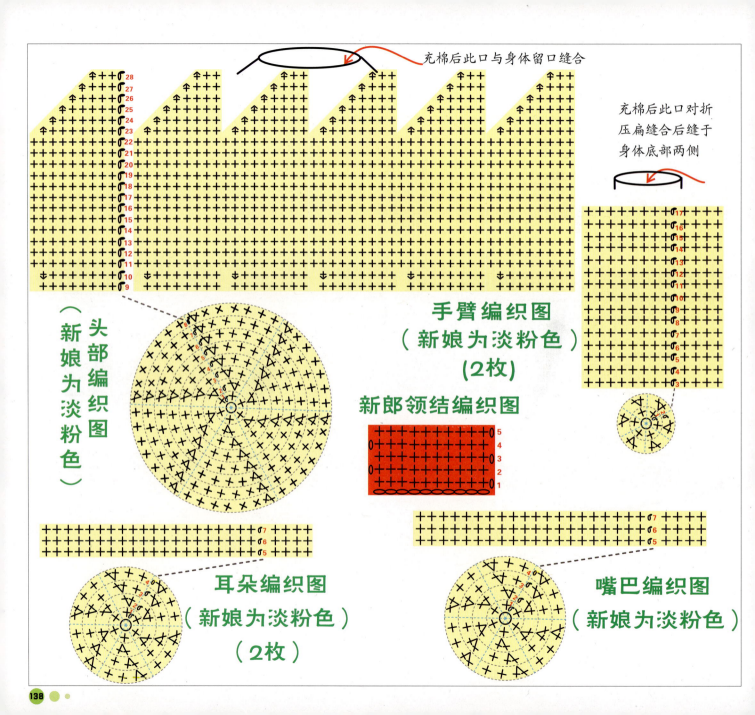

充棉后此口与身体留口缝合

充棉后此口对折
压扁缝合后缝于
身体底部两侧

手臂编织图
（新娘为淡粉色）
(2枚)

头部编织图
（新娘为淡粉色）

新郎领结编织图

耳朵编织图
（新娘为淡粉色）
（2枚）

嘴巴编织图
（新娘为淡粉色）

新郎身体编织图

腿部连接横切面图

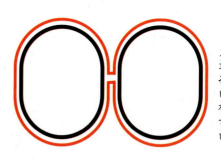

黑色线为两条腿
横切面，红色线
为连接的横切面

9　8　7　6　5 19 18 17 16　15 14 13 12 11 10　24　23　22　21 20 4 3 2 1　30 29 28 27 26 25

30
29
28
27
26
25
24
23
22
21
20
19
18
17
16
15
14
13
12
11
10
9
8
7
6
5
4

将两条腿连接，在两腿中间进行连接，
注意箭头下的数字是连接时的顺序

新郎腿部编织图

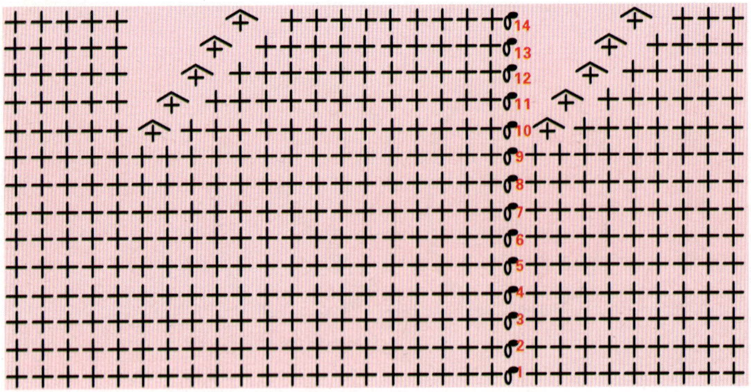

新娘身体编织图

腿部连接横切面图

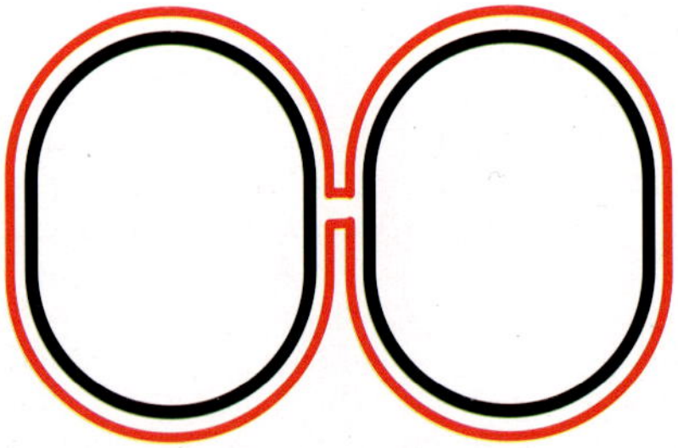

黑色线为两条腿横切面，红色线为连接的横切面

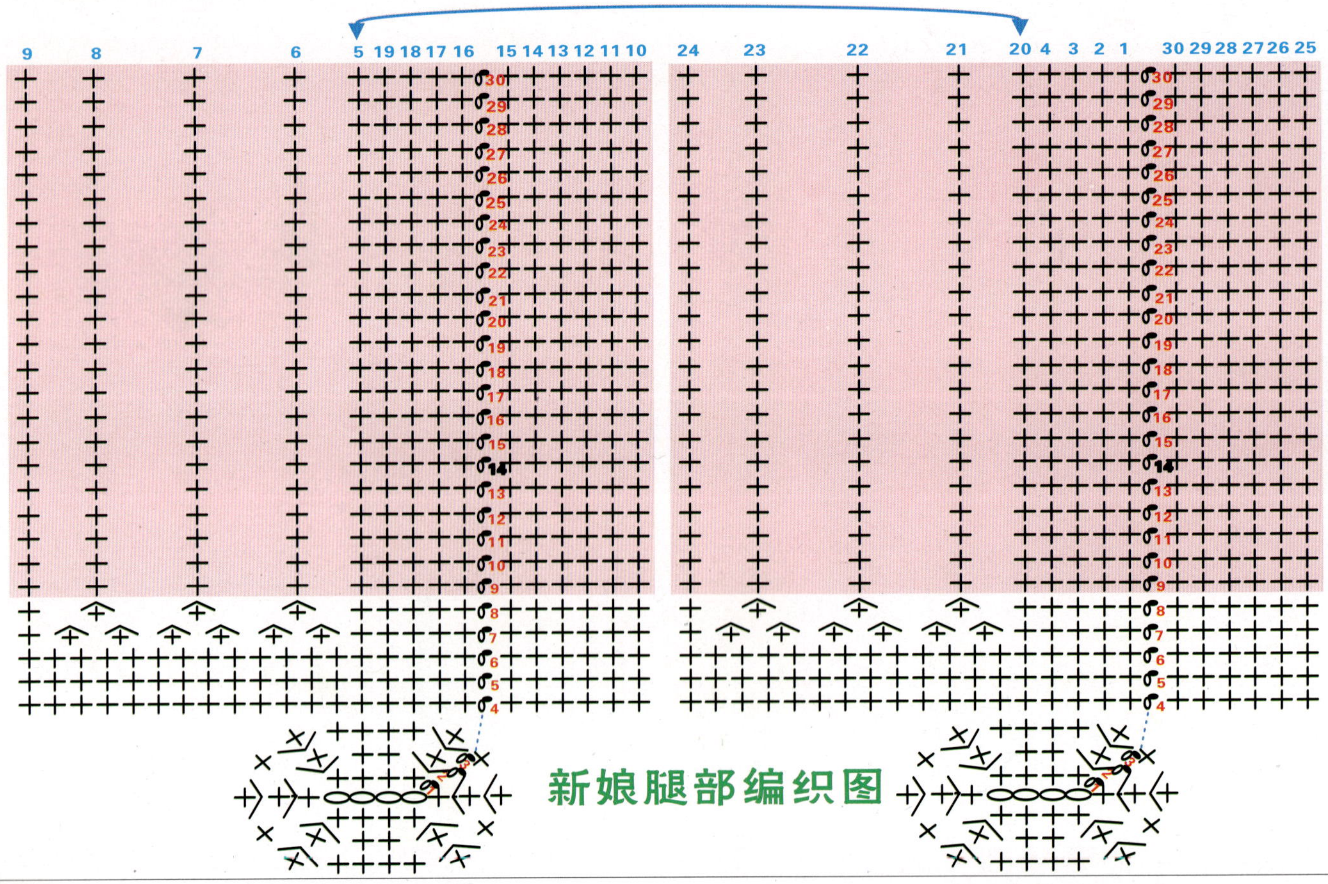

将两条腿连接，在两腿中间进行连接
注意箭头下的数字是连接时的顺序

新娘腿部编织图

大大的眼睛，
超自然的装束，
别具一格。

俏皮女郎

俏皮的女郎

制作详解

【工具】

2.0mm钩针
毛线缝针
手缝针

【材料】

淡粉色中粗线25g,
淡蓝色中粗线15g,
黄色、白色、玫红色
中粗线各少许,棕色、
黑色不织布各1小块,
PP棉

【编织要点】

1. 首先按照各部分的分解编织图分别编织好小女郎的各个组成部分,这些组成部分包括头部、眼睛、手臂、腿部和身体、裙子以及棒棒糖。

2. 缝合顺序: 首先是头部和身体,这两部分分别填充好PP棉后将留口对正缝合,手臂充棉后缝在身体与头部交接处,眼睛缝在面部,裙子穿在身体外面。

3. 装饰部分: 用黄色的线做成头发固定在头部上,用红色线在面部上绣出嘴巴的轮廓,在眼睛的白色部分上面粘上不织布做成的黑色部分,把装饰的小花固定在左边头发上,像发卡一样,再把棒棒糖固定在手上。

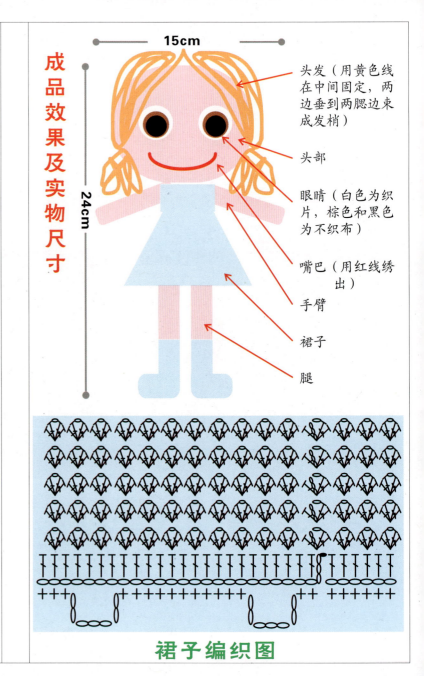

成品效果及实物尺寸

15cm

24cm

头发(用黄色线在中间固定,两边垂到两腮边束成发梢)

头部

眼睛(白色为织片,棕色和黑色为不织布)

嘴巴(用红线绣出)

手臂

裙子

腿

裙子编织图

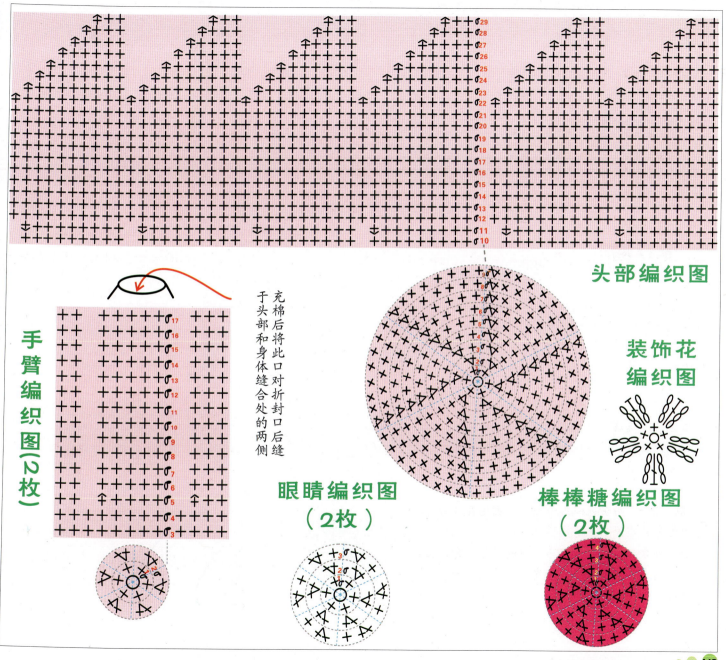

头部编织图

手臂编织图（2枚）

充棉后将此口对折封口后缝
于头部和身体缝合处的两侧

装饰花
编织图

眼睛编织图
（2枚）

棒棒糖编织图
（2枚）

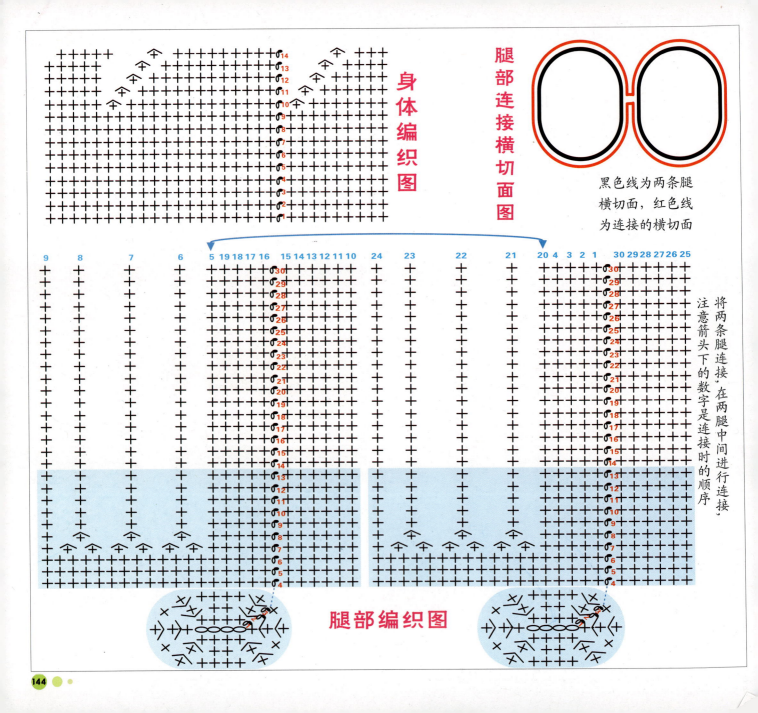

身体编织图

腿部连接横切面图

黑色线为两条腿
横切面，红色线
为连接的横切面

将两条腿连接，在两腿中间进行连接，
注意箭头下的数字是连接时的顺序

腿部编织图